# Googleオプティマイズによる
# ウェブテストの教科書

井水 大輔、大柄 優太、工藤 麻里、
瀧 里絵、針替 健太、Tiger（松本 大河）［著］

小川 卓、江尻 俊章［監修］

**本書のサポートサイト**

本書の補足情報、訂正情報などを掲載しています。適宜ご参照ください。

http://book.mynavi.jp/supportsite/detail/9784839966560.html

- 本書は2018年11月段階での情報に基づいて執筆されています。
  本書に登場するソフトウェアやサービスのバージョン、画面、機能、URL、製品のスペックなどの情報は、
  すべてその原稿執筆時点でのものです。執筆以降に変更されている可能性があるので、ご了承ください。

- 本書に記載された内容は、情報の提供のみを目的としております。
  したがって、本書を用いての運用はすべてお客さま自身の責任と判断において行ってください。

- 本書の制作にあたっては正確な記述につとめましたが、
  著者や出版社のいずれも、本書の内容に関して何らかの保証をするものではなく、
  内容に関するいかなる運用結果についても一切の責任を負いません。あらかじめご了承ください。

- 本書中の会社名や商品名は、該当する各社の商標または登録商標です。
  本書中ではTMおよびRマークは省略させていただいております。

# はじめに

「このページを最適化するためには、どの施策がよいだろう？」「コンバージョンを増やすために、どこを変更したらよいだろう？」など、本書を手にとった皆さんは、おそらくウェブサイトの改善について日々悩み考えていることでしょう。

Aパターン、Bパターン、Cパターン……、さまざまな案を思いつく中で、どの案が一番コンバージョンに貢献するかという答えを得るためのもっとも確実な方法は、ユーザーに選んでもらうことです。そして、その手法として用いられるのが、ウェブテストです。

ウェブテストは、リニューアルとは違い、予算が少なくても実施することができます。また、サイトの一部分の改修なので、あまり工数をかけずに手軽に取り組むことが可能です。ウェブサイトの改修といえばリニューアルが前提だったころから比べると、現在では少人数でも手早く確実にサイト改善をできるようになりました。

本書で紹介しているGoogleオプティマイズは、1人ないしは少人数のチームでがんばっているウェブ担当者に向けた内容となっています。専門のデザイナーやエンジニアがいないチームや、HTMLやCSSに詳しくない方でも、ビジュアルエディタを使用してウェブブラウザ上でテストパターンを作成し、テストを実施することが可能です。

また、「クライアントからこんな要望が上がってきた」「上司からこういう風にいわれている」といったようなビジネス上の制約がある中で、自らの仮説を証明したいときにもウェブテストが強い武器になります。「ユーザーが選んだのはAパターンです！」という裏付けとなるデータを持って話ができるようになれば、ウェブ担当者としての信頼度も上がります。

近年のウェブサイトでは、あれもこれもやるべきことが増えてきています。特に少人数で運営しているウェブサイトでは、担当者の負担も増大しているのではないでしょうか。そんな中でも、コンバージョンを最大化していくための強い武器となるのがウェブテストです。リスクや作業工程を抑えながらもサイト改善に役立つことでしょう。

本書には、少人数でも成果を出すために奮闘しているウェブ担当者を応援したいという想いをこめました。1つでも多くのサイトが事業の成果に結び付く手助けとなれば幸いです。

2018年11月
著者を代表して　井水 大輔

## 監修者のことば

「分析やレポートのし過ぎ」に陥っていませんか？

ウェブサイトは、レポートを作っても分析をしても改善できません。サイトに何かしらの変化を与え、その結果としてコンバージョンが上がる可能性があるのです。レポートや分析は、あくまでも施策の「精度」を上げるために行う取り組みです。

これまでは、文言・画像・レイアウトの変更などのちょっとした施策でも、ソースを書き直し、HTMLファイルをアップロードするといった手間が発生していました。また、自前でA/Bテストを実施するハードルも決して低くはありませんでした。

しかし、Googleオプティマイズを活用することで、ちょっとした変更であればウェブ上で完結しますし、今まで難しかったようなターゲティングを設定したテストも簡単になりました。しかも、そのツールが無料で利用できるのです。

本書では、Googleオプティマイズの実装・設定・分析・活用方法を網羅的に紹介しています。また、施策の考え方についても深堀りしています。テストが初めての人も、ぜひ本書を片手に成果を出す活動に取り組んでみましょう。

ウェブサイトの改善においてよくないのは「停滞」することです。「成功＞失敗＞停滞」というマインドでA/Bテストを活用していきましょう。A/Bテストのよいところは、失敗してもすぐに管理画面上で止められるということです。そして、失敗しても、それが新たな知見として次の成功確率を必ず上げてくれます。

Happy Testing !

小川 卓

アクセス解析では、どこに問題があるのかを示してはくれますが、どこが悪いかわかっても、どうすればよいかという改善方法はわかりません。そこで、改善するときに必ず身につけておきたいのがウェブテストです。デザイン、文章、画像など、どのコンテンツと組み合わせが効果を生むか、ユーザーに試してもらうのが一番確実です。そのための手法がウェブテストです。

　それでは、テストすればどんどん最適なコンテンツが見つかるかというと、そんな簡単なものではありません。90％のウェブテストは、無駄に終わります。残り10％に、重要な事実が隠されています。しかし、残念ながら、その10％を見つける近道はありません。ひたすら仮説を立て、地道にウェブテストをこなしていくだけです。それゆえ、ウェブテストには、時間をかけずにできることが求められます。

　Googleオプティマイズは、無料でも十分に実用に足るウェブテストツールです。従来なら毎月数万円はかかったようなドラッグ＆ドロップでウェブテストができる手軽さも魅力的です。ウェブテストだけではなく、リファラーによって振り分けるといったことも可能です。

　本書では、設定からテストの実施効果の測定まで、一通りの方法を解説しています。また、Googleオプティマイズのヘルプには書いていないこと、わかりにくいこともあります。そういったところも、Googleオプティマイズを活用している現場の担当者が経験に基づいて執筆しました。

　テストとは試すことです。試すことに失敗はありません。思い通りにいかなければ、この方法は正しくなかったという真実を一つ見つけたことになるからです。試した経験は、決してあなたを裏切りません。

　本書を手に取ったあなたが「テストできる人になるか、テストできない人になるのか」、まずは試してみましょう。

江尻 俊章

# Contents

## Chapter 1 データドリブンなウェブテストの基本

- **1-1** データを使った確実なサイト改善方法 　002
- **1-2** ウェブテストの重要性 　007
- **1-3** 効率的なウェブテスト運用 　012

## Chapter 2 Googleオプティマイズを使ったテスト 〜設定からはじめのテストまで〜

- **2-1** Googleオプティマイズとは 　018
- **2-2** Googleオプティマイズの設定 　029
- **2-3** テストを作成してみよう 　056
- **2-4** ターゲット設定の利用シーンと注意点 　078

## Chapter 3 パターン作成の基本

- **3-1** パターンとは 　094
- **3-2** ビジュアルエディタの使い方 　101
- **3-3** パターンを編集する 　107
- **3-4** 作成したパターンをプレビューする 　126

## Chapter 4 テストの実施とレポートの作成

- **4-1** テストを開始する … 132
- **4-2** レポートを確認する … 137
- **4-3** テスト実行中の変更 … 148
- **4-4** テストを終了する … 151
- **4-5** テストを評価し、アクションを決める … 154

## Chapter 5 効果的なクリエイティブの作成

- **5-1** ウェブマーケティングにおけるPDCA … 168
- **5-2** ファーストビュー … 171
- **5-3** ライティング … 178
- **5-4** ランディングページ … 184
- **5-5** テストパターンのクリエイティブの作成 … 190

## Chapter 6 ウェブテストを支えるコンセプトと技術

- **6-1** ウェブテストのためのウェブマーケティングの基礎 … 200
- **6-2** 行動心理から紐解く「12STEPフレームワーク」 … 210
- **6-3** データの可視化 … 231

**INDEX** … 238

# Chapter 1
## データドリブンな ウェブテストの基本

この章では、ウェブテストを行なう前に押さえておきたい基本的な考え方とその重要性について解説しています。「そもそもA/Bテストって何だろう?」「ほかにどのようなテストタイプがあるのだろう?」といった基本的なことが学べます。実際にテストを行う上でのメリットや注意すべきポイントなどにも触れているので、効率的にテストを運用してウェブサイトを改善していくために役立ててください。

**1-1** データを使った確実なサイト改善方法
**1-2** ウェブテストの重要性
**1-3** 効率的なウェブテスト運用

# 1-1 データを使った確実なサイト改善方法

## 1-1-1 データドリブンとは

　ものがあふれユーザーのニーズや行動が多様化した現代においては、勘や経験だけでビジネスを成長させることはできません。ウェブの世界では、テクノロジーの発達とともにアクセス解析をはじめとしたさまざまなツールが誕生し、個人や小さな企業でも簡単にデータが収集できるようになりました。また、集められたデータを分析することでユーザーの行動原理を理解し、新しいインサイトを得ることも可能になりました。

　近年、このようにデータを活用し、課題解決に結び付ける方法として データドリブン という考え方が広まってきています。

> **データドリブンとは**
> 得られたデータを総合的に分析し、未来予測・意思決定・企画立案などに役立てること。各種データを可視化して課題解決に結びつけることを指す。
> 出典：コトバンク（https://kotobank.jp/word/データドリヴン-1740924）

　現在、データドリブンなサイト運営を行う上で、もっとも効果的で確実性の高いデータ活用の方法の1つとして ウェブテスト があります。ウェブテストによって実際のユーザーの行動データを取得し、施策の評価と改善を続けることで、より成果につながるウェブサイトを構築できます。

## 1-1-2 A/Bテストとは

　ウェブサイト運営におけるデータを活用したマーケティング手法として、多くの企業で取り入れられてきている手法がウェブテストです。本書で取り上げている Googleオプティマイズ は、そういったウェブテストを行うためのツールです。ウェブテストにはいくつかのテストタイプがありますが、その中でももっとも基本とな

る A/Bテスト について押さえておきましょう。

　A/Bテストとは、ウェブサイトの特定のページにおいて、AパターンとBパターンというように異なったコンテンツを用意し、該当ページに訪れた人に、それぞれのパターンがランダムで表示されて、どちらのコンテンツがより効果が高いのかを検証するというものです。AパターンとBパターンという2種類だけではなく、CパターンやDパターンといったように3種類や4種類で検証することもあります。

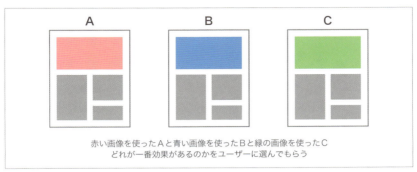

図 1-1-1　A/Bテストとは

　勘や経験で決めるのでなく、テストであることを認識していないユーザーが実際に選んだということで、先入観やバイアスなどを排除した施策の評価が行えます。ここで誤解してはならないのは、ウェブテストはフォントやデザインなどのクリエイティブの最適化が重要だと思い込まないことです。なぜなら、本質はユーザーのインサイトに気づくことにあるからです。

　事例を紹介しましょう。ある英会話スクールのウェブサイトのファーストビューにおいて3つのクリエイティブを作成したものです。それぞれのクリエイティブとメッセージは、次の通りです。

図 1-1-2　実際のA/Bテスト

1-1　データを使った確実なサイト改善方法

1つ目は、もともと使用していた先生と生徒の画像です。2つ目は親子で真面目に英語に取り組むことを印象づけるような画像で、3つ目は子供達が楽しく英語を学べるるような印象を与える画像です。

　さて、どのクリエイティブが、もっとも資料請求につながったでしょうか。

　正解は、2の親子で真面目に英語に取り組むことを印象づけるメイン画像でした。具体的には、次のような差となりました。

1. 100%　　　　　　　2. 225%　　　　　　　3. 100%

図1-1-3　A/Bテストの結果

　実は、このテストを行う際、申し込みが増えない原因の改善点として、もっと訴求力を上げるためには親しみやすいビジュアルにしたほうがよいのではないかという仮説がありました。子供向けの英会話教室では、「厳しくするよりも楽しく英語が好きになれる」というウリが子供英会話の魅力であり業界の通説だったからです。

　仮説では3が本命で、2は効果がないだろうと考えていました。しかし、結果は2でした。なぜでしょうか。「増えたのだから単純に2にしておけばよいのでは？」と思うかもしれませんが、マーケターであればここが考えどころです。ツールと人との役割があるのだとすれば、「なぜそうなったのか？」を考えてみるべきです。

　この場合、次のようなことだったと考えられます。確かに3のメッセージのように楽しく英語を学べることがよいと思うユーザーは多いのですが、このエリアの英会話学校はどこも同じく「楽しく英語を学ぶ」ということをウリにしていたのです。ユーザーの中には、楽しさは必要ではあるものの、もっと英語力を伸ばすことに力を入れた教室を求めている親御さんもいました。つまり、ほかの教室と差をつけることで特定のユーザーを囲い込めたわけです。

　訴求ポイントがはっきりすれば、ファーストビューだけでなく、サイト全体のコンテンツの改善や、ひいては英会話教室の経営方針の改善にも役立ちます。大事なことは、ユーザーの行動からインサイトを見極めることです。そのために行うテストはとても重要です。しかし、テストを行うことは手段であって目的ではないということも忘れてはいけません。

## 1-1-3 サイト運用を成功させるために

　事業の成果につながるウェブサイトを運営するには、何よりも目標設定が重要です。Googleアナリティクスをはじめとしたアクセス解析ツールを導入していても、目標設定をしていないと正しくデータを活用できません。A/Bテストを行ってサイトを改善しよう思っても、どんなテストを行えばよいのか、そして、その結果がよかったのか悪かったのかの判断すらできません。サイトに明確な目標がないという場合は、目標を設定することから見直してください。

　目標設定を行ったら、次にKPI設計を行います。KPI（Key Performance Indicator）とは重要業績評価指標という意味で、どこを改善すれば目標に近づくのかを計るための指標です。

　たとえば、売上目標を前年比30％増とした場合、「客単価を30％上げる」「広告からのサイト訪問数を30％増やす」「問い合せ数を30％増やす」「受注率を30％向上させる」など、さまざまな方法が考えられます。どの方法でも目標は達成できるかもしれませんが、実際には予算、期間、リソースなどの制約が伴います。すべての指標を改善できることが理想ですが、現実的には重要なものを選んで優先順位を付けながら実行していくことになります。そのような場合に賢くKPIを定める方法として、SMARTという考え方があります。SMARTとは、「Specific（具体的か）」「Measurable（計測可能か）」「Actionable（実効性があるか）」「Realistic（現実的か）」「Time-bound（期限はあるか）」の頭文字を取ったものです。

・Specific
チームで共通認識が持てる項目になっているかということ。顧客満足度といった漠然としたものではなく、全員が同じ認識を持てる具体性が必要

・Measurable
計測できる内容になっているかということ。計測できないと、うまくいっているのかどうかの判断ができないので、数値で計測できるように決める必要がある

・Actionable
KPIを定めても、アクションにつながらずに問題だけが浮き彫りになった状態が続いたり、毎月変わらない数値だけを解析していても意味がないので、しっかりと行動に移して改善していける内容になっているのかを考えながら決める

- Realistic

  設定した数値が現実的かということ。達成が難しい数値を設定していると施策が意味のないものになり、逆に簡単すぎる数値を設定して達成したところで事業の成果にあまり貢献していないという結果になってしまう

- Time-bound

  同じ数値を達成するのにも、1カ月後を目標にするのと1年後を目標にするのとではまったく取り組みが変わってくる。期限を設けることで、現実的で実行可能な施策が生まれやすくなる

このように、SMARTを意識することで、よいKPIが立てやすくなります。そして、KPIの設定ができると仮説も立てやすくなり、テストを行うポイントが明確になります。また、よいKPIが定まらないという場合には、部分的なテストを繰り返すことで、この指標は改善できるかどうかという判断が可能になります。

現在のウェブサイト運営では、データを細かく収集できるようになったため、ユーザーの気持ちや行動原理を把握しやすくなりました。これをサイト改修に活かすことができれば、着実に成果につながるウェブサイト運営が可能になります。

ひと昔前までは、何が悪いかが明確ではないものの、とにかく成果が出ないのでサイト全体のリニューアルを行うといったことが普通でした。このような場合、仮にリニューアル後に成果が出たとしても、何がよくて何が悪かったのかを明確に判断できず、その後のサイト運営には活かせません。つまり、==課題の本質を見極めるための分析やテストが、サイト運営においては着実に成果を上げるためのとても有益な方法になる==ということは覚えておきましょう。

# 1-2 ウェブテストの重要性

## 1-2-1 テストのメリット

　ウェブサイト運営を行う上でテストを取り入れると、意思決定がしやすくなるだけではなく、リスクの回避にもつながります。

　たとえば、仮説や改善施策において関係者間で意見が分かれた際、上司やクライアントといった意見の強い人に引っ張られたという経験はないでしょうか。さらには、その意見をもとに施策を実行した結果がよくない場合、実装者に責任が降りかかるということもあるのではないでしょうか。

　しかし、ウェブテストを行うという選択肢があると、意見が分かれたり、提案に納得できなかったりということがあれば「ではテストをしましょう」という提案が可能です。その上で、よかったほうを採用するとなると誰も文句は付けられないはずです。このように、テストを行うということは、単によい結果を求めるというだけではなく、関係者間での合意も得やすくなります。

　また、よい結果が見込まれているのであれば、決済も通しやすくなります。いきなり大規模なウェブサイト改修を行うとなっても、どのくらい成果が上がるかを判断できないものに対して大きな予算はつけられません。しかし、テストをした結果をデータとして付け加えると、投資対効果の判断基準になり、効果が見込める場合は予算を割かない理由がなくなるわけです。

　つまり、現在のウェブサイト運営においてテストを取り入れることは、関係者間で合意を得るための方法でもあり、リスクマネジメントも行えるので、着実にサイトを改善していける方法になるのです。

　しかし、どんな場合であってもテストを行うことがサイト改善における最善の方法ではないということも覚えておきましょう。テストを行うということは、それだけのクリエイティブやパターンを作る必要があり、そこにリソースを割くことになります。また、結果をすぐに出したい場合、テスト期間を待てない場合もあるでしょう。そして、明らかに改善につながる施策は、テストを行わずに実施するということも考えなくてはなりません。これらのことを念頭において、上手にテストを活用しましょう。

## 1-2-2 テストのタイプ

　Googleオプティマイズでは、テストのタイプとして、A/Bテスト、リダイレクトテスト、多変量テストなど、クライアントのニーズに合わせてさまざまなテストが実施可能です。
　それでは、どのような違いがあるかを押さえておきましょう。

### A/Bテスト

　「1-1-2　A/Bテストとは」(002ページ)でも説明したように、ウェブサイトの特定のページにおいてAパターンとBパターンのように異なったコンテンツを用意した上で、それぞれのパターンが該当ページに訪れた人にランダムで表示され、どちらのコンテンツがより効果が高いのかを検証するテストです。各パターンをランダムかつ同時に配信する仕組みなので、外部要因の影響を受けることなく最良のパターンをテスト結果として得ることが可能です。

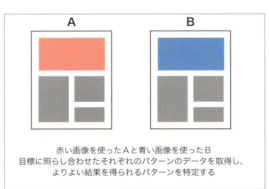

表1-2-1　A/Bテスト

### リダイレクトテスト

　概念としては、A/Bテストと同じく、AとBのどちらのパターンがよいかを判断するものですが、パーツ単位でなくURL単位でのテストになります。たとえば、内容の異なる2つのランディングページにおいて、どちらが効果的かを知りたい場合にはこのテストが有効です。2つのデザインがある場合に、リダイレクトテストを行ってよいほうを採用するということが可能です。

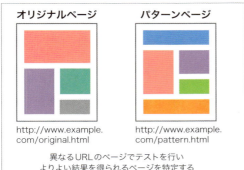

表1-2-2　リダイレクトテスト

## 多変量テスト

　いくつかの要素を持つパターンを同時にテストし、もっともよい結果が得られる要素の組合せを特定するテストです。複数の訴求項目があり、項目ごとに複数の検討材料がある際には多変量テストを使うとよいでしょう。ランディングページにおいて、どのような構成が最適かを導くといったことに効果的です。

図1-2-3　多変量テスト

---

※1　「Call To Action」の略で、訪問者を具体的な行動に誘導することを指す。多くの場合、ボタンやリンクとなる。

また、それぞれのテストにおいてターゲット設定が可能です。ターゲット設定を行うことで、特定の地域のユーザーのみを対象にテストを実施したり、スマートフォンやPCといった特定のデバイスのみでテストを実施したり、FacebookやTwitterなどの特定の流入元からのユーザーだけに対してテストを実施するといったことが可能です。さらには、30%のユーザーだけにテストを実施することや、ルールを組み合せることで問い合わせページを訪れたリピーターにお得な情報を提示するといった運用も可能です。

## 1-2-3 正しいテストの行い方

　ウェブテストが簡単に行えるからといって、やみくもにテストを実施していてはいけません。ましてや、まったく仮説や根拠もないまま、多くのテストを実行してもコンバージョンが下がってしまうということも起こりえます。

　ウェブテストを行う際には、テスト計画をしっかり立てることがチーム内での作業やスケジュールの共有にもつながり、最終的には効果的なサイト改善につながります。また、テスト計画を立てるために課題の抽出や原因分析を事前に行うと、どのようなテストを実行すれば、よりよいサイト改修が行えるかの仮説を立てやすくなります。そして、==テスト後は評価や次のアクションを行わないと意味がない==ということも覚えておきましょう。つまり、ツールを使って簡単にテストが行えるようになったからといって、それを活かすための戦略を忘れてはいけないということです。そのためには、テストを行うためのフローをしっかりと確認しておきましょう。

**図1-2-4　テストのフロー**

### 課題抽出

　アクセス解析ツールやユーザーテストなど、実際のユーザーの行動を追跡したり声に耳を傾けることで、多くの課題が見つかります。その中でも==改善インパクトが大きい部分を抽出し、優先的にテストを行うとよい==でしょう。どのように抽出すればよいのかは、「1-3-1　効率的なテスト運用」(012ページ)で説明します。

### テスト計画

　抽出した課題をもとに、どのようなテストを、どれくらいの期間で、どんなパターンで行うかを決めます。課題が明確になっていればいるほど具体的に決めやすくなります。また、多くの課題があった場合に一気に複数の改善を行おうとすると、どの施策によってよい結果が出たのか(出なかったのか)が分析できなくなるので、重要なところから1つづつ試していくとよいでしょう。

### コンテンツ作成（テスト準備）

　テスト計画をもとに、実際に文章や画像などを作成します。

### テスト実行

　一旦実行したからといっても放置せず、動作チェックやウェブサイト運営に悪影響を及ぼしていないかのモニタリングを続けましょう。

### テスト評価

　目標に対する結果を複数の指標から分析を行って、テストの結果を評価します。

### 次のアクション

　よいテスト結果が出た際には、本実装を行って経過観察を行います。思ったようなテスト結果が得られない場合は、次のテストを実施するなど、テストが完了したら必ず次の行動につなげましょう。

　前述したように、テストは手段であり目的ではありません。正しくテストを行うことで、より効果的なサイト改善につなげてください。

# 1-3 効率的なウェブテスト運用

## 1-3-1 テストを実践する際の考え方

　データを扱うことが当たり前になり、たくさんのデータを取得できるようになってくると、何をどう活かしてよいかがわからず、ひたすらデータをため込んでいくだけという経験をしたという人もいるのではないでしょうか。

　ウェブサイト改善を行う際は、==インパクトファースト==で行うのが基本です。目標やアクセス解析データを照らし合わせて、もっとも影響が大きいと思われるページやパーツから改善していきます。ウェブテストにおいても基本的には同じ考えですが、慣れていなかったりしてうまくいかないと、逆にコンバージョンを下げてしまう可能性もあるので、まずリスクの低いページやパーツから始めてみるということも戦略の1つです。

　たとえば、改善するページの対象としてよく挙げられるのは、次のようなものです。

- トップページ
- 商品ページ（サービス紹介ページ）
- 問い合わせページ（フォーム）
- 流入の一番多いランディングページ
- カテゴリページ

　テストを行う要素としてはさまざまな項目が挙げられますが、いきなり文章全体を変えたりやデザインそのものを変えたりすると影響が大きいので、まずはボタンの色やサイズ、アクションを起こさせるためのフレーズを変えてみるといったことから始めるとよいでしょう。ただし、トラフィックが十分でない場合、テスト結果が出るのに時間がかかることには留意しておきましょう。

　改善する要素はウェブサイトによってさまざまですが、よくあるポイントを紹介しておきましょう。

- ファーストビュー(メイン画像)
  キャッチコピー、リンクの有無、訴求ポイントの文章など

- ナビゲーション
  順番、デザイン、表現(文章)、サブナビゲーションの有無など

- CTA(ボタン)
  サイズ、色味、文章、配置など

- フォーム
  項目数、必須項目箇所、1ページに収めるか複数ページで構成するか、デザイン、入力補助機能の有無など

- コンテンツ(文章や画像)
  見出しの付け方、言葉づかい、文章の長さ、段落、行間、リンクの数、画像の数、動画の有無など

- バナー
  写真、イラスト、キャッチフレーズ、説明文、デザインなど

　これらはウェブサイトの構成要素の一部に過ぎませんが、サイト改善のためのウェブテストに有効な要素です。Chapter 5では「効果的なクリエイティブの作成」を紹介しているので、改善のヒントにするとよいでしょう。

また、気を付けておくべきこととして、次のことも確認しておきましょう。

・テストを正しく評価するためのトラフィックが十分あるか
　テストの結果、どちらが優れているかを統計的に確かめるためには検定を用いることが一般的です（Googleオプティマイズでは異なる方法を採っています）。どのような方法を用いるにしても、ある程度のトラフィック量（母集団）と目標変数となるクリック数やコンバージョン数がなければ、信頼できる結果を得ることはできません。特にテストする項目が多岐に渡る場合は、その必要量は増えます。
　あくまでも目安ですが、理想はテストパターンごとに1カ月で100件程度のコンバージョン（CV）が貯まるようであればよいでしょう。しかし、コンバージョン数が足りない場合は、成果指標（CV）ではなく、直接指標（次ページへの遷移数・中間成果（カートに追加）など）を用いることも考える必要があります。

・部分的な改善が全体の改善につながっているか？
　たとえば、特定のページにおいて直帰率を下げるための改善を進めた結果、直帰率が下がった場合でも、それによって必ずしもコンバージョンが増えるとは限らないということです。部分最適ばかりに目を向けて、全体最適がおろそかにならないように気を付けましょう。

・テスト結果の良し悪しで終わっていないか？
　ウェブテストの結果としてAパターンが効果的だということがわかっても、それでよしとしないことです。「なぜ」Aパターンがよかったのかを振り返って理解しておくことで、本質的な課題解決につながります。

・ウェブテストが最良の方法だと思ってはいけない
　ウェブテストはサイト改善に有効な方法であることは間違いないのですが、ウェブテストがすべてでないことも忘れてはいけません。仮にテストでよい結果が出たからといって、すべてのユーザーを理解したことにはならないですし、課題によっては　もっとよい改善手法があるかもしれません。このケースは本当にウェブテストが必要なのだろうかと考えることも重要です。

ウェブサイトの改善は、事業の成果につなげることが何よりも重要です。しかし、いつのときも忘れてならないのはユーザーを理解することです。そのためにデータを使い、テストを行います。小さな改善でも、ユーザーの理解を深めながらしっかりと計画を練った上で、繰り返し改善を行っていくことができれば、確実に成果につながるサイト運営が可能です。

　現在は、どのようなサイトを作るかではなく、どのようにサイトを運営を行っていくかが重要な時代だといえます。その際には、==運用計画がサイト改善において、とても重要なポイントになる==ということを覚えておきましょう。

# Chapter 2
# Googleオプティマイズを使ったテスト
## ～設定からはじめのテストまで～

この章では、Googleオプティマイズにまったく触れたことがない人を対象に、Googleオプティマイズを設定して、1つめのテストを完了するところまでをわかりやすく説明します。すでにテストに慣れているなら、本章をさらっと読み飛ばして、Chapter 3から読み始めて構いません。また、初期設定では「チラツキ問題」に対応したタグ設定を紹介しているので、「チラツキ問題」に悩んでいるようであれば、この章を参考に設定を再確認してください。

2-1　Googleオプティマイズとは
2-2　Googleオプティマイズの設定
2-3　テストを作成してみよう
2-4　ターゲット設定の利用シーンと注意点

# 2-1 Googleオプティマイズとは

## 2-1-1 「オプティマイズ」って何だろう

　そもそも「オプティマイズ」とは何を意味するのでしょうか。本書を手に取った人であれば必ず知っている「SEO」という言葉は「サーチエンジン・オプティマイゼーション（Search Engine Optimization）」の略であり、「検索エンジン最適化」と訳されます。検索結果に自分のウェブサイトがより上位に表示されるように行う一連の取り組みのことです。

　では、「Googleオプティマイズ」は何を最適化するのでしょうか。Googleオプティマイズの公式ヘルプページの冒頭には、次のように記されています。

---

**個々のユーザーに合わせてサイトをカスタマイズしましょう**

ユーザーの個性はそれぞれに異なるので、ウェブサイトは各ユーザーの好みに合わせて個別に対応できることが望ましいでしょう。オプティマイズを使用してWebテストを実施すれば、各ユーザー グループに最適なエクスペリエンスを特定できます。[※1]

出典：Googleオプティマイズの公式ヘルプページ（https://support.google.com/optimize/answer/6197440?hl=ja&ref_topic=6314903）

---

　つまり、それぞれの<mark>ユーザー群が最良の体験をできるようにウェブサイトをカスタマイズ（最適化）</mark>することで、<mark>ウェブサイトの成果を効果的に上げていく</mark>ということが、この場合のオプティマイズの意味であり、Googleオプティマイズの基本思想なのです。

---

[※1] 原文：Tailor your site to optimize each and every user experience.
Every user is unique and your website should address their individual tastes. Optimize enables you to run website experiments to determine the optimal experience for each group of users.

図2-1-1 Googleオプティマイズの基本思想

# Column

## ウェブサイトの目標設定とKPI

「1-1-3 サイト運用を成功させる」(005ページ)でも説明したように、ウェブサイトには目標と、それを達成するための指標であるKPIの設定が必要です。そして、そのKPIは、Googleアナリティクスなどの目標として設定します。また、KPIは、Googleアナリティクスに設定する以外にも、Googleオプティマイズの「カスタム目標」として適宜設定することも可能です。これについては、のちほど説明します。

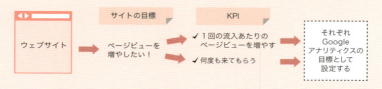

サイトの目標設定の例(具体的な目標やKPIはサイトによって異なる)

Googleオプティマイズでテストをしていくにあたって、サイトの目標やKPIは重要な意味を持ちます。「A/Bテストツール」の導入というと、「テストをする」ことが目的になってしまいがちですが、そうではありません。あくまでもサイトの成果を上げ、その目標を達成することがA/Bテストの役割であることを見誤らないようにしましょう。

テストを開始する際には、Googleアナリティクスと接続して「目標」を1つ以上選択します。「目標のないテスト」というものは存在せず、必ず何らかの目的を持って実施します。また、評価をする際、「設定したKPIの2つは負けたが、1つは勝った」という微妙な判定になることもあります。そのような際に、1つひとつのテストを無駄にせず、有益な考察を得るためには、適切な目標を設定することが重要です。

サイトの目標が明確化できていない場合や、KPI設定に自信がない場合は、『現場のプロがやさしく書いたウェブサイトの分析・改善の教科書【改訂2版】』(小川卓 著／マイナビ出版 刊／ISBN978-4-8399-6546-4)がお勧めです。なお、そもそもGoogleアナリティクスでの目標設定方法がわからないといった場合は、Googleアナリティクスの解説書などを参照してください。

## 2-1-2 Googleオプティマイズの5つの魅力

　では、Googleオプティマイズの説明に入っていきましょう。Googleオプティマイズは、Googleが提供している無料のウェブテストツールです。2015年頃より、「Google 360」(有料製品)の1つとしてリリースされ、2016年9月に無償版が発表されました。2017年3月にはベータ版から正式版に移行し、2018年3月には同時に実行できるテスト数が3から5に増えました。ウェブテストツールとしては若干後発のスタートでしたが、機能が充実し、魅力的な製品に成長しています。

　Googleオプティマイズ以外にもいくつかの他社のウェブテスト(A/Bテスト)ツールがリリースされていますが、初めてA/Bテストを手掛けるなら、著者は「まずはGoogleオプティマイズを使ってみましょう！」と強くお勧めします。その理由を5つの魅力として紹介しましょう。

・魅力1：無料

　Googleオプティマイズは無料で使うことができます。「同時にテストできるのが5件まで」などの無料版の制限(コラム「無料版と有料版の違い」も参照してください)が存在するのですが、ほとんどのウェブサイトでは、無料版の制限があっても問題なくテストを進められます。したがって、小規模の企業や個人でウェブサイトを運営している人も気軽に使い始められるでしょう。

　A/Bテストは小さな改善の繰り返しです。テストしてみたものの、どちらのほうがよいと判定がつかないという状況もあります。そういったA/Bテストに対して、あなたの上司に「そのツールを入れてどのくらいの成果が出るの？　いくら儲かるの？」と聞かれたとしても、「コストがかからないので、まずはやってみましょう。勝ちパターンだけをサイトに実装していくことで、必ず成果を上げられます」と説得できるはずです。

・魅力2：1人でも始められる

　2つめの魅力は、「1人で始められること」です。たとえば、あなたがマーケターで、サイトの文字を1つ書き換えることさえ、システム担当者の力を借りなければできないとしましょう。Googleオプティマイズなら、ウェブページの文字列を変更したり、文字を大きく表示したり、画像を画面の上部に持ってきたり、ボタンの色を変えたりといったことが、コーディングしたりサーバを操作することなく行えるのです。すでにGoogleタグマネージャを導入しているのであれば、30分程度で設定を完了することができ、最初のテストを始められるでしょう[※2]。

・魅力3：Google製品と連携できる

　Googleオプティマイズは、ほかのGoogle製品と連携できる点が大きな魅力です。アクセス解析ツールである「Googleアナリティクス」、複数のタグを一元管理できる「Googleタグマネージャ」と接続し、連携して利用できます[※3]。

図2-1-2　Google製品との連携

・Googleタグマネージャ

　Googleオプティマイズを設定する際には、Googleオプティマイズのタグをウェブサイトに導入する必要があります。Googleタグマネージャを活用することで全ページにGoogleオプティマイズのタグを設置する必要がなくなり、作業を軽減できます。

・Googleアナリティクス

　テストを開始する際に、各テストの目標を設定する必要がありますが、その際にGoogleアナリティクスに設定している「目標」を使用します。テスト終了後の評価の際は、Googleアナリティクスの「セグメント機能」でGoogleオプティマイズのテストIDを指定し、テストパターンごとの詳細なテスト結果を得ることができます（Chapter 4で詳述します）。

---

※2　ウェブサイトにGoogleタグマネージャを導入していない場合、Googleオプティマイズのタグをウェブサイトの全ページに貼り付ける作業はシステム担当者との協力が必要です。また、テストによっては、HTMLコーダーやデザイナーと協力して画面のパーツ（画像やボタンなど）を作成すると効果的に進められる場合もあります。あくまでも「1人から始められる」という点がポイントです。

※3　Googleタグマネージャを導入していなくても、Googleオプティマイズのテストを実施することは可能です。ただし、Googleアナリティクスの導入は必須です。

・Googleスプレッドシート

　Googleスプレッドシートに「Google Analytics」というアドオンを追加すると、Googleアナリティクスで設定している各種データをGoogleスプレッドシート内に呼び出すことができます。指定可能なディメンションの中に、GoogleオプティマイズのテストID設定も含まれています。

・Googleデータポータル[※4]

　Googleアナリティクスやスプレッドシートのデータをわかりやすく可視化（ビジュアライズ）できます。

　このように、ほかのGoogle製品と連携させることで、Googleオプティマイズはいっそう便利になり、その魅力を最大限に発揮できます。

・魅力4：操作が簡単

　Googleオプティマイズでテストパターンを作成する際、ウェブページの画面を見ながら要素をドラッグ＆ドロップするだけで、位置や形の変更が可能です。要素の位置変更といった単純なテストであれば、コードやプログラムを書く必要はありません。

図2-1-3　パターンの作成。簡単に画面の要素を変えることができる

　たとえば、「次ページ・・・」というボタン要素を変更したいのであれば、画面上で要素（ボタン）をクリックすると、図2-1-3のように青く囲まれた状態になり、この要素をクリックしたまま動かすことで位置を変えられます。ボタンの大きさは、枠線を引っ張ることで変更できます。ボタンの色やテキストの大きさは、画面の右下に表示される「要素を編集」のところで大きさや色コードを指定し、変更します。

---

※4　2018年11月に、「Googleデータスタジオ」から名称が変更されました。

・魅力5：豊富な機能

　テスト対象を定めるための「ターゲット」の種類の豊富さを考えても、機能が充実していることがうかがえます。それ以外の機能も、ターゲットの種類と同様に、無料とは思えないほどに充実しています。テストターゲットの種類を見てみましょう。

| 区分 | 詳細 |
| --- | --- |
| URL | テストを実施するURLを指定する |
| 行動 | 新規ユーザーとリピーターを比較したり、特定のサイトから流入したユーザーを指定 |
| 地域 | 特定の都市や地域などのユーザー |
| ユーザーの環境 | 特定のデバイス、ウェブブラウザ、またはOSを使用しているユーザー |
| クエリパラメータ | URLの「?」以降に入る文字列が特定の値である場合 |
| JavaScript変数 | ウェブページのソースコードに含まれるJavaScript変数 |
| ファーストパーティーのCookie | 自サイトのファーストパーティCookieを持っているユーザー |
| カスタムJavaScript | カスタムJavaScriptが返す値 |
| データレイヤー変数 | Googleタグマネージャで設定したデータレイヤー変数とその値を指定する |

表2-1-1　Googleオプティマイズのターゲット設定一例（詳細については2-4を参照）
出典：https://support.google.com/optimize/answer/6283420?authuser=1

　表2-1-1に挙げた区分のうち、最初の4つは何となくわかるでしょう。クエリパラメータから下は、上級者向けといえるかもしれません。先に述べたように、Googleオプティマイズの基本思想は、「個々のユーザーに合わせてサイトをカスタマイズする」というものです。したがって、そのためのユーザーを切り分けるターゲット設定が豊富に用意されているというわけです。ターゲット設定の内容についても、Googleアナリティクスでおなじみの「新規とリピーター」や「デバイスカテゴリ」「参照元」などの値を設定できるので、すでにGoogleアナリティクスを使っていれば馴染みやすいはずです。

Googleは、次のように発表しています[※5]。

> 中小企業の45％がA/Bテストによるウェブサイトの最適化を行っていません。その理由として最も多く挙げられるのが、『人的リソースの不足』『導入に必要な知識の不足』の2つです。

このような問題を踏まえて、どんな規模の会社であってもどのような知識レベルであっても、A/Bテストを開始できるツールを提供しています。ぜひ、気軽に始めてみましょう。

---

[※5] Google analytics solutuins 2017年3月31日公開記事「Googleオプティマイズがどなたでも無料でご利用可能に」(https://analytics-ja.googleblog.com/2017/03/google.html)

# Column

## 無料版と有料版の違い

　これだけの機能が無料で使えるのであれば、有料版との違いが気になるかもしれません。あるいは、「自分が実施したいテストは少し複雑なのだけど、有料版の検討が必要となるのだろうか？」と考えるかもしれません。そこで、有料版と無料版の違いを表にまとめました。黄色の網掛け部分が、無料版と有料版の差です。一般的なテストをするのであれば、無料版でも大きな支障がないでしょう。

| | 無料版 | 有料版 |
| --- | --- | --- |
| A/Bテスト | ○ | ○ |
| Googleアナリティクスとの統合 | ○ | ○ |
| 基本のURLターゲティング | ○ | ○ |
| ユーザー行動やテクノロジーのターゲティング | ○ | ○ |
| 地域のターゲット設定 | ○ | ○ |
| 技術ターゲティング（JavaScript、Cookie、データレイヤー） | ○ | ○ |
| Google アナリティクス オーディエンス ターゲティング | － | ○ |
| ウェブアプリのサポート | ○ | ○ |
| 多変量テスト（MVT） | 最大16の組み合わせ | 最大36の組み合わせ |
| テストの目標 | 最大3件 | 最大10件、テスト開始後に追加可能 |
| 同時テスト | 最大5テスト | 101テスト以上 |
| ユーザー管理 | ユーザー数制限なし | Google マーケティング プラットフォームの管理 |

Googleオプティマイズの有償版と無償版の違い
出典：Optimizeヘルプ 「オプティマイズとオプティマイズ 360 の比較」（https://support.google.com/optimize/answer/7084762?hl=ja）

　Googleオプティマイズは、もともと「Google マーケティング プラットフォーム」（有料製品）を構成する1つのツールとしてリリースされました。のちに無料版が発表され、さらに同時テスト数も3から5に増えるなど無料版での機能も拡張される方向にあります。Googleとしては「テストを始めたばかりの小規模から中規模企業」には無料版を、「大企業やより複雑なテストを必要とするビジネス」には有料版を使ってほしいように感じられますが、特に決まりはないので、中小企業でも大手企業でも個人で作っているサイトでも、誰でも無料版を使うことができます。

## 2-1-3 表示の仕組み

「Googleオプティマイズを導入すると、ウェブサイトがテストパターンで書き換わってしまうのでは？」といった相談を受けることがあります。そういった心配を払拭するためも、表示の仕組みを簡単に説明しておきましょう。

### ソースコードは変らない

結論からいうと、ウェブサイトのソースコードに変化はなく、SEO（検索エンジン最適化）などへの影響もありません。

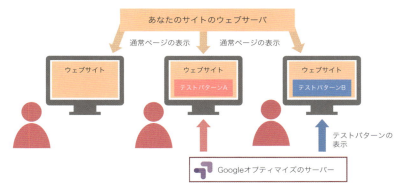

図2-1-4　Googleオプティマイズの概略

ユーザーがパソコンやスマートフォンでウェブページを開いたとき、ウェブブラウザがサーバからソースコードが書かれたHTMLファイルなどを呼び出し、それをレンダリングすることでページが表示されます。その際、Googleオプティマイズのタグがあると、Googleのサーバからテストパターンが呼び出され、Googleオプティマイズのサーバから各ユーザーにテストパターンが配信されます。それによって、ユーザーのウェブブラウザ上では、標準のウェブページ（最初に読み込んだHTMLファイルなど）をテストパターンで上書きします。これが、大まかなGoogleオプティマイズの表示の流れです。そのため、特定のユーザーにはテストパターンが見えていますが、その表示自体はユーザーのウェブブラウザ上で構成されているため、もとのソースコードが書き換わったりSEOに影響が出たりということはありません。

## ページフリッカー(Page Flicker)問題

　Googleオプティマイズでテストを実施した際、通常のページが表示されたあとにテストパターンが描画されます。テストパターンの呼び出しに時間がかかると、「一度通常の画面がちらっと表示されてから、再度表示が切り替わる」という見え方になることがあります。また、リダイレクトテスト(後述)の場合には、「通常画面がちらっと見えてから、別のページに勝手に遷移した」というユーザー体験になってしまうかもしれません。これらは「ページフリッカー(Page Flicker)」「フラッシング(Flashing)」「フリッカーエフェクト(Flicker Effect)」「チラツキの問題」などと呼ばれています。

　この問題が発生していると、本来はテストパターンのほうがユーザーにとって便利なのに、ユーザーに不信感を与えてしまうため、正常なテスト評価ができないという影響があります。これでは、せっかく設計したテストケースにノイズが入ってしまい、正確な結果を得られなくなってしまうこともあり得ます。

　ページフリッカー問題に対して、Googleが対策用のタグとして「ページ非表示スニペット」を提供しているので、タグの初期設定時に設定できます。本書では、この問題に配慮した初期設定方法も紹介しているので、ぜひ参考にしてください。さらに、テストを設定したら、必ず自分で画面表示を確認することを忘れないでください。パソコンやスマートフォンでユーザーからの見え方をしっかり確認することが大事です。

# Googleオプティマイズの設定

## 2-2-1 事前の準備を整える

それでは、Googleオプティマイズを設定していきましょう。その前に、いくつかの事前準備が必要です。まずは、それをチェックしておきましょう。

事前の準備

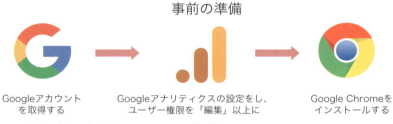

図2-2-1 Googleオプティマイズを設定する前の事前準備

**事前準備チェックリスト**

☐ Googleアカウントを持っていること
 GoogleアナリティクスやGoogleオプティマイズなどで共通のIDとなります
☐ Googleアナリティクスのタグがウェブサイトに入っていること
 Googleタグマネージャ経由でアナリティクスタグを設定している場合も問題ありません
☐ Googleアナリティクスでユーザー権限が編集権限以上になっていること
 「表示・分析のみ」の権限ではGoogleオプティマイズと接続できません
☐ Google Chromeをインストール済みであること
 パターン作成時に活用します

事前準備チェックリストの項目で、不足があれば、公式ヘルプページなどを確認して、設定を進めてください。

- Optimizeヘルプ：オプティマイズを設定する
  https://support.google.com/optimize/answer/6211921

# Column

### 「アカウント」と「コンテナ」とは？

　設定を開始すると、「アカウント」と「コンテナ」という概念に戸惑うかもしれません。Googleオプティマイズには、「第一階層：アカウント」「第二階層：コンテナ」「第三階層：テスト」という3つの階層があります。この階層は、大まかにアカウントが会社や組織で、コンテナがウェブサイトと考えればよいでしょう。つまり、1つの会社で複数のサイトを運営していれば、1つのアカウントに対して複数のコンテナを作るということになります。この階層はGoogleタグマネージャやGoogleアナリティクスとも呼応しており、Googleアナリティクスではサイトの階層は「プロパティ」となります。基本的には、GoogleアナリティクスのプロパティごとにGoogleオプティマイズのコンテナを1つ作成します。

| Google<br>タグマネージャ | Google<br>オプティマイズ | Google<br>アナリティクス |
|---|---|---|
| アカウント | アカウント | アカウント |
| コンテナ | コンテナ | プロパティ |
|  | テスト | ビュー |

← この階層が1つのウェブドメインに対応している

コンテナとアカウントの対応

## 2-2-2 Step1：アカウントとコンテナを作成する

事前の準備が整ったら、Googleオプティマイズを開いて設定していきましょう。あとから変更できる項目もあるので、サクッとコンテナ完成まで進めましょう。

## Step by Step

1. https://optimize.google.com/ を開きます。

2. 図2-2-2のような画面が表示されるので、「利用を開始」ボタンを押します。

図2-2-2　Googleオプティマイズの「利用開始」ページ

3. 各種情報のお知らせメールを受け取るかどうかを設定します。「はい」と「いいえ」のどちらでも構わないので、それぞれのメールに対していずれかを選択して「次へ」ボタンを押します（Googleオプティマイズの機能には影響なく、あとで設定を変更することも可能です）。

図2-2-3　情報メールの受け取り設定

> **HINT：初期設定後にメール受信設定を変更する**
> Googleオプティマイズのコンテナ設定後に、ヘッダ部分のメニューアイコンをクリックしてメニューを表示して「ユーザー設定」を開きます。そこの中の「メール設定」の項目で設定を変更できます。
>
>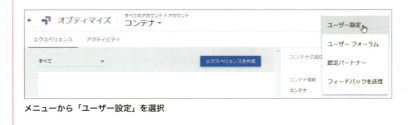
>
> メニューから「ユーザー設定」を選択

4. アカウント設定を行います。これもGoogleオプティマイズの機能には大きく影響しないので、表示された説明を読んでチェックを入れるか外します。なお、これらの設定もあとで変更することが可能です。画面の下部に「お住まいの地域の利用規約を選択していただく必要があります。」という表示があるので、日本在住であれば、プルダウンから「日本」を選択します。さらに、2018年より開

始された「GDPR[※6]に関するデータ処理規約にも同意します」は、欧州エリアでサービスを提供しているなら、規約を読んで上でチェックを入れます。

**図2-2-4　アカウント設定の選択**

---

**HINT：初期設定後にアカウント設定を変更する**

アカウント設定画面(https://optimize.google.com/optimize/home/#/accounts)を開き、編集したいアカウント名のメニューアイコンをクリックします。ポップアップが表示されるので「アカウントの詳細を編集」を選択すると、条件の変更画面が表示されます。GDPRに関するデータ処理規約の合意状況を変更する場合は、「データ処理に関する修正条項を表示」というテキストリンクを開いて確認してください。

**メニューから「アカウントの詳細を編集」を選択**

5. 「完了」ボタンを押すと、図2-2-5のような画面が表示され、Googleオプティマイズの「コンテナ」の完成です。

図2-2-5　コンテナが完成した

Step 2 以降では、この画面の右側の案内に沿って設定を進めていきます。

---

※6　General Data Protection Regulationの略で、EU内における個人情報保護の法規則です。EU加盟国における法規則であるため、「EU一般データ保護規則」と訳されています。

# Column

## Googleオプティマイズの画面構成

**・画面はおおまかに「3画面」から構成**

　先のコラムでも述べたように、Googleオプティマイズは「アカウント」「コンテナ」「テスト」という3階層の概念を持っていますが、画面構成もこの階層構造を踏襲し、おおまかに3画面から構成されています。順番に説明していきます。

**・アカウント**

　上部に「すべてのアカウント」と表示されている画面です。画面を開くと、アカウント（基本的には会社などの法人や個人などの単位で設定します）が持っているコンテナ（通常はサイトの単位）が一覧で表示されます。

**アカウント画面の構成**
　❶アカウントの新規作成
　❷コンテナの新規作成
　❸アカウント単位でのユーザー設定
　❹アカウントの詳細設定（名称変更など）
　❺各コンテナ画面への遷移
　❻コンテナを削除

**・コンテナ**

　上部に設定したコンテナ名称が表示されている画面です。「エクスペリエンス」と「アクティビティ」という2つのタブがあり、デフォルトでは「エクスペリエンス」の画面が表示されています。この画面は、メインエリアにエクスペリエンス（テストのこと）の一覧と状況が「下書き」「実行中」「終了」エリアに分けて表示されます。右側のエリアには、コンテナ情報や設定状況についてのチェックリストが表示されます。

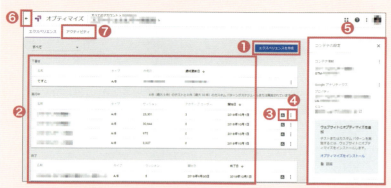

**アカウント画面の構成**
❶エクスペリエンス(テスト)の新規作成
❷各エクスペリエンス(テスト)の詳細画面への遷移
❸各エクスペリエンス(テスト)のレポート画面への遷移
❹各エクスペリエンス(テスト)の削除、またはコピー、アーカイブ
❺コンテナの設定情報の表示。具体的にはGoogleアナリティクスとの接続状況などが表示されます。またその下には「コンテナチェックリスト」といって、設定状況の進捗が「25%」といったように割合でわかりやすく表示されます。この部分から各種設定に進むことが可能です。
❻アカウント画面への遷移
❼「アクティビティ」タブへの遷移

「アクティビティ」タブでは、次の図のように該当コンテナでの<mark>作業履歴の一覧</mark>が表示されます。

**コンテナ画面「アクティビティ」タブの内容例**

・エクスペリエンス(テスト)

「エクスペリエンス」は、1つひとつのテストの詳細を設定する画面です。Googleオプティマイズでもっとも重要なページです。画面上部にはテスト名が表示されます。「詳細」と「レポート」という2つのタブがあり、デフォルトでは「詳細」の画面が表示されています。この画面は、メインエリアの上部にはエクスペリエンス(テスト)の状態、つまり「下書き」「実行中」「終了」などが表示されます。その下に、作成した「パターン」、さらに下には「設定」部分があり、ここで各テストの「目標」「ターゲット」を設定します。右側のエリアには、テストの情報(名称やパターン編集用のURL)と、Googleアナリティクスのどのビューと接続されているかという情報が表示されます。

**エクスペリエンス画面の構成**
❶テストの終了、開始、スケジュール編集
❷パターンの新規作成
❸作成したパターンの編集
❹作成したパターンのコピーや削除
❺「ターゲット設定」タブへの遷移
❻目標設定
❼説明や仮説の入力
❽テスト情報の編集(名称や編集ページのURL設定)
❾テスト情報の保存
❿「レポート」タブへの遷移
⓫コンテナ画面への遷移

2-2 Googleオプティマイズの設定 037

なお、「③作成したパターンの編集」をクリックすると、次のように「⑧テスト情報の編集（名称や編集ページのURL設定）」で設定したエディタページが表示され、テキストやボタンなどの各種要素が編集できるようになります。この画面については、Chapter 3で詳しく解説しています。

**アカウント画面の構成**

　続いて、先ほどの「エクスペリエンス」画面下部のターゲット設定部分について見てみましょう。

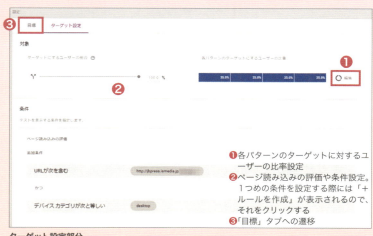

**ターゲット設定部分**

❶各パターンのターゲットに対するユーザーの比率設定
❷ページ読み込みの評価や条件設定。1つめの条件を設定する際には「＋ルールを作成」が表示されるので、それをクリックする
❸「目標」タブへの遷移

なお、「エクスペリエンス」画面上部の「レポート」タブを開くと、テスト開始後以降に次のようなレポートが表示されます。これについてはChapter 4で詳しく解説しています。

レポート表示例

レポート(画面下部)表示例

## 2-2-3 Step2：Googleアナリティクスと紐づける

　このステップでは、GoogleオプティマイズからGoogleアナリティクスへの接続を行います。数分で完了するので、どんどん進めていきましょう。

### Step by Step

1. Googleオプティマイズのコンテナを開きます（Step1を終えた段階）。

2. 右側に表示される情報パネルの「Google アナリティクスへのリンク」の右側の▽を押してメニューを展開します。展開された項目のうち「プロパティにリンク」をクリックします。

図2-2-6　「Googleアナリティクスへのリンク」を展開

3. ログインしているGoogleアカウントに紐づいたGoogleアナリティクスのプロパティが表示されるので、テストを行うドメインに対応するプロパティを選択し、さらに1つ以上のアナリティクスビューを選択します。選択するビューは、フィルタをほとんど、あるいはまったく適用していないものとします。

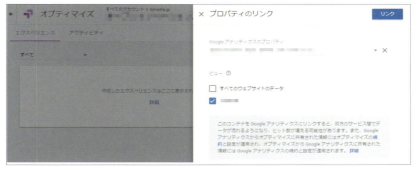

図2-2-7 アナリティクスビューの選択

4. ビューを選択したら右上の「リンク」ボタンを押します。これでGoogleアナリティクスとの紐づけは完了です。図2-2-8のような画面になっているはずですが、続けて次のステップに進む場合は、そのままにしておきます。

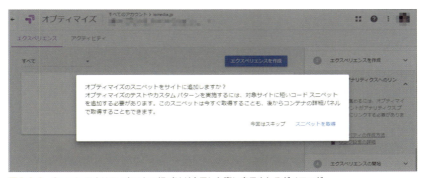

図2-2-8 Googleアナリティクスとの紐づけが完了した際に表示されるダイアログ

> **HINT：紐づけがうまくいかない場合には**
> Googleアカウントは、GoogleアナリティクスとGoogleオプティマイズで同一のものを使用する必要があります。別のGoogleアカウントを使っている場合は、Googleアナリティクスの管理画面からアカウントを追加しておきます。また、Googleアナリティクスの該当プロパティに対しては「編集」というユーザー権限が必要です。

> **HINT：ビューの複数選択**
> １つのGoogleオプティマイズのコンテナにリンクできるGoogleアナリティクスのプロパティは１つのみですが、ビューは複数を選択することができます。ただし、<mark>各々のテストに紐づけるビューは１つのみ</mark>となります。つまり、特定のテストデータは、指定されたアナリティクスビューのみにデータを送るということです。030ページのコラム「アカウントとコンテナとは？」も参照してください。

## 2-2-4 Step3：Googleオプティマイズをウェブサイトに追加する

　このステップは各サイトそれぞれの状況に応じて設定する部分があるため、時間がかかったり迷ったりすることがあるかもしれません。うまくいかない場合は、必要に応じてシステム担当者などの力を借りて設定していきましょう。
　Googleオプティマイズでテストを実施するには、<mark>ウェブサイトにGoogleオプティマイズのタグ（スニペットとも呼びます）をテストしたいすべてのページに追加する</mark>必要があります。次の２つの方法があるので、どちらかで設定します。

---

方法１：Googleタグマネージャ上で設定する
方法２：ページのソースコードにGoogleオプティマイズのタグを設定する

---

### 方法１：Googleタグマネージャ経由でタグを設定する

**メリット**：手早く、容易に設定できる。システム担当者の協力が（おそらく）不要
**デメリット**：ページフリッカー問題が発生するリスクが高まる

　Googleタグマネージャをすでに導入済みであれば、<mark>Googleタグマネージャ経</mark>

由でGooleオプティマイズのタグを設定するのが、もっとも時間がかからず容易です。すぐに開始してみたい場合は、この方法がお勧めです。ただし、ユーザーがページを開くと、まずGoogleタグマネージャのタグが呼び出され、その後にGoogleタグマネージャからGoogleオプティマイズのタグが呼び出されるという仕組みであるため、前述した「ページフリッカー問題」(028ページ)が発生する割合が高くなります[※7]。しかし、まずはGoogleタグマネージャを使って設定およびテストをしてみて、チラツキの度合いを実際のサイトで確認し、気になる場合は直接ソースに設定する「方法2」に切り替えるというように進めるとよいでしょう。

## Step by Step

ここでは、Googleタグマネージャ自体の初期設定はすでに完了していることが前提になっています。Googleタグマネージャ自体の導入がまだの場合は、公式ヘルプページ(https://support.google.com/tagmanager/answer/6103696?hl=ja)を参考に、コンテナの作成および、Googleアナリティクスのタグ設定まで進めてください。

1. GoogleタグマネージャでGoogleオプティマイズのタグを設定するには、次の情報が必要です。はじめに各ツールを開いて取得しておきます。

- Google オプティマイズ コンテナ ID (例：GTM-XXXXXX)
- Google アナリティクス プロパティID (例：UA-XXXXXXXX-XX)

いずれもGoogleオプティマイズの画面右側にIDが表示されます。

図2-2-9　Googleオプティマイズの画面右にコンテナIDなどが表示さる

---

[※7] Optimize公式ヘルプ「Googleタグマネージャを使ってオプティマイズ タグを配信する」(https://support.google.com/optimize/answer/6314801?authuser=0) を参照してください。

2. 情報が取得できたら、Googleタグマネージャを開いて、Googleオプティマイズのタグを設定します。左側の「タグ」をクリックし、「新規」ボタンを押します。

図2-2-10　Googleタグマネージャを開いて新規のタグを作成する

3. ［タグタイプを選択して設定を開始…］をクリックし、［Google Optimize］を選択します。

図2-2-11　タグタイプの選択

4. GoogleオプティマイズのコンテナIDとGoogleアナリティクスのトラッキングIDを入力します。タグ名は「Google Optimize」といったように、判別しやすいように付けます。

**図2-2-12　Googleオプティマイズのタグを設定していく**

5. トリガー設定の最下部に、タグ同士の優先度を設定する部分があります。図2-2-13のように、Googleオプティマイズのタグが発効したあとに、Googleアナリティクスのタグが発効するようにしておくと安心です。入力したら、右上の［保存］ボタンを押します。

**図2-2-13　「タグの順序付け」の設定**

6.「トリガー」を追加します。トリガーとは、先に設定したGoogleオプティマイズのタグをいつ発生（発効）させるかという指示を意味します。次のように、トリガーは「All Pages」を選択します。

**図2-2-14　トリガーは「All Pages」に**

2-2　Googleオプティマイズの設定　045

7. Googleオプティマイズ用のタグが設定できたら、Googleタグマネージャのタグをプレビューし、サイトの挙動に問題がなければ、[公開] ボタンを押して公開します。

---

**HINT：エラー例「フィールド設定の一致」**

設定がうまくいっていない場合、Googleオプティマイズで次のようなエラー画面が表示されることがあります。どこに問題があるかは、エラーの説明に記されています。

Googleオプティマイズにおけるエラー表示の例

このエラーの場合には、Googleアナリティクスのタグに「allowLinker」というフィールド名を設定しており、その設定をGoogleオプティマイズでも一致させる必要があるという問題でした。

Googleタグマネージャで、2つのタグを一致させて解消した

このサイトでは、クロスドメイントラッキングを行っていたため、このような設定となっていました。同種のエラーが発生することは稀かもしれませんが、エラーが出た場合は、落ち着いて説明を読むと、原因を読み解くことができるということがわかります。それでも解決しない場合は、GoogleオプティマイズやGoogleタグマネージャの公式ヘルプなどを参照してみてください。

## 方法2：ページのソースコードにGoogleオプティマイズのタグを設定する場合

**メリット**：ページフリッカー問題が発生するリスクが下がる
**デメリット**：システム担当者などの協力が必要になる

　この方法は、ウェブページのソースコードに直接Googleオプティマイズのタグ（スニペット）を設定していく方法です。おそらくシステム担当者などの協力を仰ぐ必要がありますが、先述した「ページフリッカー問題」への対応を重視し、Googleも直接ウェブサイトのソースコードに添付する方法を推奨しているようです。さらに、Googleは「ページ非表示スニペット」というタグも提供しています。こちらも必要に応じて利用してみてください。

・「ページ非表示スニペット」とは？
　ページを非表示にするタグ（スニペット）は、Googleがページフリッカー問題解消のために提供しているものです。設定しなくても問題ありませんが、Googleとしては基本的に実装してほしいという考えです。ただし、こちらも注意が必要です。よく内容を理解して設定しましょう。
　このタグを設置すると、ユーザーに表示されたページ情報に対してGoogleオプティマイズが変更したテスト情報を上書きする間、テストを適用する前のページがユーザーに見えてしまわないように隠しておくことができます。ただし、ページを隠している間は何も表示されないため、サイトの表示速度が遅いというユーザー体験につながるリスクも考慮する必要があります。Googleが提供しているタグの通りに実装すれば「4,000ミリ秒（4秒間）サイトが表示されない」という設定になっているので、非常に遅く感じるかもしれません。この「4000ミリ秒」は変更可能なので、その方法は後述します。
　とはいえ、この「4秒間」は妥当かどうかの判断は難しいものです。チラツキの問題の度合いはサイトやテストの内容にもよるため、一概にこれがよいという答えはありません。このあたりはサイトの担当者それぞれが個別に判断すべきでしょう。本書では、Googleが推奨する方法での設定を説明しています。

## Step by Step

1. 先ほどのGoogleアナリティクスのリンク設定が完了すれば、図2-2-15のようなダイアログ表示されているはずなので、「スニペットを取得」ボタンを押します。

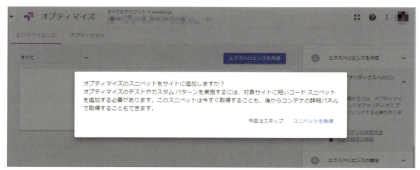

図2-2-15　Googleアナリティクスとの紐づけが完了した画面

2. 図2-2-16のような画面が表示されるので、手順に沿って、「ga('require', 'GTM-XXXXXXX【個別のオプティマイズID】');」という行と、その下のGoogleアナリティクスのトラッキングコードの行をコピーして「メモ帳」などのテキストエディタにペーストして控えておきます。「次へ」ボタンを押して進めます。

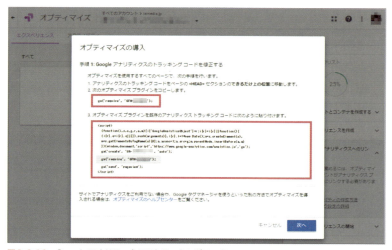

図2-2-16　Googleアナリティクスのトラッキングコード

3. ページ非表示スニペットが表示されるので、こちらもコピーして、先ほどと同様に控えておき、「完了」ボタンを押します。

図2-2-17　ページ非表示スニペット

> **HINT：タグ(スニペット)は再表示できる**
> タグ(スニペット)の画面を閉じてしまったあとでも、コンテナ画面の右側の情報パネルから「オプティマイズ スニペットのインストール」リンクをクリックすると、タグを再度表示できます。

4. ウェブページのソースコードに、図2-2-18のようにタグを貼り付けます(それぞれのコメントは、手動で追加したものです)。ページ非表示スニペットは、Googleアナリティクスのタグの上に挿入します(Googleは、meta要素のcharset属性の直下(つまり、なるべく上)に配置することを推奨しています)。

```
<!DOCTYPE html>
<html lang="ja">
<head>
    <meta charset="utf-8"/>

<!-- Googleオプティマイズ ページ非表示スニペット -->

<style>.async-hide { opacity: 0 !important} </style>
<script>(function(a,s,y,n,c,h,i,d,e){s.className+=' '+y;h.start=1*new Date;
h.end=i=function(){s.className=s.className.replace(RegExp(' ?'+y),'')};
(a[n]=a[n]||[]).hide=h;setTimeout(function(){i();h.end=null},c);h.timeout=c;
})(window,document.documentElement,'async-hide','dataLayer',4000,
{'GTM-XXXXXXX':true});</script>

<!-- Googleオプティマイズ プラグインが入った Googleアナリティクスタグ -->

<script>
  (function(i,s,o,g,r,a,m){i['GoogleAnalyticsObject']=r;i[r]=i[r]||function(){
  (i[r].q=i[r].q||[]).push(arguments)},i[r].l=1*new Date();a=s.createElement(o),
  m=s.getElementsByTagName(o)[0];a.async=1;a.src=g;m.parentNode.insertBefore(a,m)
  })(window,document,'script','https://www.google-analytics.com/analytics.js','ga');
  ga('create', 'UA-XXXXXXX-1', 'auto');
  ga('require', 'GTM-XXXXXXX');  // ←ここにGoogleオプティマイズ プラグインが入っています
  ga('send', 'pageview');
</script>
```

図2-2-18　ページ非表示スニペットとGoogleアナリティクスのタグの配置

---

**HINT：非表示スニペットの非表示時間を変更する**

非表示スニペットの非表示時間を変更する際は、上部の「4000」という数字を小さくします。たとえば、0.5秒にするなら「500」と書き換えます。

---

**HINT：Googleオプティマイズのタグをカスタマイズしている場合**

Googleオプティマイズのタグをすでにカスタマイズしている場合は、「ga('send', 'pageview');」の前に「ga('require', 'GTM-XXXXXXX【個別のオプティマイズID】');」を挿入してください。

---

- Optimize公式ヘルプ：オプティマイズのページ非表示スニペットの使用方法
  https://developers.google.com/optimize/?hl=ja

## 2-2-5　Step4：Chromeの Googleオプティマイズ拡張機能

　ここでは、Google Chromeの拡張機能をインストールする手順を説明します。この拡張機能は、テストパターンを作成する際に、ビジュアルエディタの操作で必要なものです。ビジュアルエディタを使えば、サイトの要素をマウスのドラッグ＆ドロップ操作で移動したり、要素を変更したりできるので、インストールしておきましょう。

1. Google Chromeで、次のURLより拡張機能の追加画面を開きます。
   https://chrome.google.com/webstore/detail/google-optimize/bhdplaindhdkiflmbfbciehdccfhegci

2. 図2-2-19のような画面が表示されるので、「拡張機能を追加」というボタンを押します。

図2-2-19　Google Chromeの拡張機能「Google Optimize」

3. 「「Google Optimize」を追加しますか？」というポップアップが表示されるので、「拡張機能を追加」ボタンを押してインストールします。

図2-2-20　拡張機能を追加

4. アドレスバーの横に、図2-2-21のように、Googleオプティマイズのアイコンが表示されていればインストールは完了です。

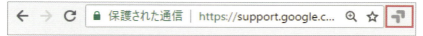

図2-2-21　アドレスバーに表示されたGoogleオプティマイズのアイコン

複数名でテストを実施する場合は、Googleオプティマイズのユーザー設定もしておきましょう。

## 2-2-6 ユーザーを追加する

チームなど複数名でテストを実施する場合は、自分以外のユーザーをGoogleオプティマイズに招待します。

1. 「アカウント」ページを開きます。

2. 管理するアカウントの右上にある「ユーザー管理」アイコンをクリックします。

**図2-2-22** 「ユーザー管理」アイコン

3. 「ユーザーを招待」ボタンを押して、「ユーザーの詳細」パネルを表示します。

**図2-2-23** 「ユーザーを招待」ボタンを押す

4. メールアドレスを入力します。その下の「アカウントの役割」の各項目のメニューをクリックして、適切な権限を選択します。選択したら、右上の「招待する」ボタンを押します。

**図2-2-24** 「ユーザーの詳細」を設定する

5. 招待したユーザーには図2-2-25のようなメールが届くので、「OPNE INVITATION OPTIMIZE」ボタンを押して、招待を承諾してもらいます。

2-2　Googleオプティマイズの設定　053

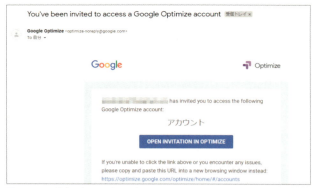

図2-2-25　設定したユーザーに届くメール

　ここまでの手順でユーザーを追加できました。次のセクションでは、サンプルテストの方法を説明します。はじめてのテストを作っていきましょう。

## ユーザーの権限とは？

招待するユーザーには、アカウントとコンテナの2つの権限を設定できます。アカウントについての権限は次の2つです。通常は、ユーザー権限で問題ないでしょう。

| 管理者 | コンテナを作成し、表示できる。ユーザーを管理できる |
|---|---|
| ユーザー | コンテナを表示し、他のユーザーを表示できる |

コンテナについての権限は、次の4つです。立場に応じて柔軟に設定してください。

| 公開 | コンテナ、テスト、プロパティのリンク設定を表示、編集、削除できる。テストを開始できる |
|---|---|
| 編集 | コンテナとテストを表示および編集できる。テストを開始、プロパティのリンク設定の変更はできない |
| 読み取り | コンテナとテストを表示できる |
| アクセス権なし | コンテナやテストを表示できる |

詳細は、次のようになっています。

|  | コンテナ ||||| 変数 | 下書き || プレビュー | テスト ||| レポート |
|---|---|---|---|---|---|---|---|---|---|---|---|---|---|
| コンテナ | 表示 | リンク | 作成 | 編集 | 編集 | 削除 | 共有 | 表示 | 開始／停止 | 表示 | アーカイブ | 表示 |
| アクセス権なし | – | – | – | – | – | – | – | 可 | – | – | – | – |
| 読み取り | 可 | – | – | – | – | – | – | 可 | – | – | – | 可 |
| 編集 | 可 | – | 可 | 可 | 可 | 可 | 可 | – | – | 可 | 可 | 可 |
| 公開 | 可 | 可 | 可 | 可 | 可 | 可 | 可 | 可 | 可 | 可 | 可 | 可 |

出典：Optimize公式ヘルプ：ユーザー設定について
https://support.google.com/optimize/answer/6376029

# テストを作成してみよう

## 2-3-1 サンプルテストの流れ

　ここでは、サンプルテストを開始して終了するまでを説明していきます。詳細な説明は、Chapter 3でパターン作成について、Chapter 4でテストの開始・終了・評価について取り上げているので、具体的な操作方法などは各章を参照してください。ここでは、操作方法に慣れること、Googleオプティマイズの動作確認を兼ねて、「はじめのテスト」を実施していきます。小規模のサンプルテストとなるので、肩肘張らずに実施してみましょう。まずはやってみることが大事です。

> **サンプルテストにあたっての注意点**
> ・リスクの少ないページを選ぶ
> 　はじめのテストでは、トップページやフォームページなどを避けて、トラフィックの少ない画面を選びます。本格的にテストを実施するには、勝ち負け判定の時間が短くなることや改善した際の影響力を考えてトラフィック量のあるページを選びますが、はじめのテストでは、そういった条件は重視せず、まずはリスクの小さなページを選ぶとよいでしょう。
>
> ・リスクの小さい変更をしてみる
> 　はじめのテストでは、見出し、ランディングページ、グローバルナビゲーションといった重要な部分は避けます。たとえば、ボタンの色の変更や位置の変更、または誘導文言の変更といったテストから開始するとよいでしょう。

　しかし、サンプルテストといえども、手順は本格的なテストと違いはありません。基本的な考え方、注意点についても触れていきます。まずは、仮説を立て、エクスペリエンスを作ります。そして、各パターンを作り、目標を定め、さらにターゲットを設定します。これで準備が整ったので、テストを開始し、終了まで待つという流れです。

**図2-3-1　テストの流れ**

## 2-3-2 仮説を立てる

　まずは仮説を立てます。サイトの目標のうち、改善したい指標に対してどのような施策を実施すべきかを検討します。A/Bテストにおいては「==仮説が9割==」と言われるほど、仮説は大事なものなのです。

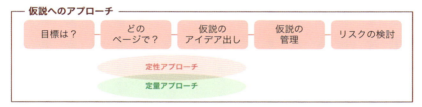

**図2-3-2　仮説のアプローチ**

・改善したい目標は？

　A/Bテストで改善したいサイトの目標、KPIを意識しましょう。たとえば「ページビュー増加」や「申し込み数を増やす」などが目標となります。ここで==改善したい目標を明確に意識すること==がテストの成功につながります。

・どのページでテストするか？

　本格的にテストする際には、トップページやランディングページ、申し込みページなど、トラフィック量の多いページやコンバージョン地点の近くに位置して大きな影響力を持つページの改修が有効です。そうでないと、せっかく苦労してテストを実施しても、改善効率がよくなければ努力が水の泡になりかねないからです。ただ、はじめのテストでは、リスクなどを考慮して、あまり見られていないページを選択するというのも一案です。

・仮説のアイデアを出す

とにかくアイデアを出しましょう。たとえば、仮説を「1ページ目から2ページ目へと誘導する『次ページ』のボタンをもっと大きく目立たせると、離脱率が減り、ページビューが増えるだろう」と考えたとします。このような施策のアイデアを日々考えていきます。

アイデアを出す際には、自社のサイトを見て使いづらい点を挙げていく方法、チームでディスカッションする方法、競合サイトを見て使いやすい点を挙げていく方法などが有効です。このようなユーザー視点の定性的なアプローチがある一方、ウェブ分析を実施して定量的にアイデアを出す方法もあります。目標達成に対して影響力のあるページを特定し、コンバージョンしそうなユーザーセグメント（新規ユーザーか既存ユーザーか、訪問回数は何回目かなど）を洗い出したり、そういったユーザーがよく見るページ（ある記事ページを読んだユーザーがコンバージョンしやすいため）を洗い出したりします。

図2-3-3　仮説アイデアの出し方

・仮説を管理する

検討した仮説はGoogleオプティマイズ上で管理できないので、ExcelやGoogleスプレッドシートにメモを残しておくと、過去のA/Bテスト履歴を振り返ることができて便利です。また、無料版でのテストは同時に5件しか設定できないので、2週間～1カ月程度のテスト期間を決めて順にテストを行っていく必要があります。特定の期間で効率よくテストするためにも管理は大事です。「4-4-2　テスト結果の保存と管理」（152ページ）では、Excelで管理する例や管理手法を紹介しています。

・仮説のリスクはないか

仮説に対してリスクはないかも検討します。たとえば、先に挙げた「『次ページ』のボタンをもっと大きく目立たせると、離脱率が減り、ページビューが増えるだろう」という仮説については、「ページビューが増える一方で、収益源の1つであ

る広告バナーのクリックが減るのではないか」といったリスクが思い浮かびます。このように、「ページビューは増えるが広告収益は減る」などのトレードオフとなる指標がある場合は、その数字の変化もA/Bテストで把握していきたいので、そのリスクも一緒にメモしておきます。

## 2-3-3 エクスペリエンスを作る

仮説の検討が終わったら、実際にエクスペリエンスを作成していきます。

### Step by Step

1. Googleオプティマイズ（https://optimize.google.com/）を開きます。

2. コンテナ名をクリックして、エクスペリエンスページを開きます。

3. 左上の「エクスペリエンスを作成」ボタンを押します。

図2-3-4 テストの作成開始

4. 画面の右側にテストの作成画面が表示されます。

図2-3-5　テストの作成

　案内に沿って、エクスペリエンス名を入力します（例では「テスト1」としています）。そして、その下に「エディタページ」のURLを入力します。エディタページとは、パターンを作成する際に表示されるページです。さらにテストのタイプを選びます。今回は、「A/B テスト」を選択します。最後に、右上の「作成」ボタンを押します。

　これで「エクスペリエンス」（1つのテストを管理する箱のようなもの）ができ上がります。

## 2-3-4　パターンを作る

　テストができ上がったら、テストパターンを作成し、実際にユーザーのウェブブラウザに表示されるデザインを作ってきます。

## Step by Step

1. テストページを開いた状態で「パターンを作成」をクリックします。

図2-3-6　パターンの作成開始

2. パターンの追加画面が表示されるので、パターンの名前をわかりやすいものに変更しておきます(あとから変更することも可能です)。設定したら、右上の「追加」ボタンを押します。

図2-3-7　パターンの名前を設定する

3. パターンが追加された状態になるので、テストパターンを編集していきます。まず、編集するパターン名をクリックします。

図2-3-8　設定するパターンを選択

4. 先ほど設定したエディタページが、Googleオプティマイズのビジュアルエディタで開かれた状態になります。この画面でテストパターンを作っていきます。

Googleオプティマイズのビジュアルエディタでは、ページ上部に「アプリバー」が、右下に「エディタパネル」が表示されるほか、該当の要素を右クリックすると、テキストを編集したりHTMLを挿入したりするポップアップメニューが表示されます。このように、さまざまな方法で画面要素を変更できます。Googleオプティマイズのビジュアルエディタの使い方については、「3-2　ビジュアルエディタの使い方」(101ページ)、「3-4　パターンを編集する」(126ページ)で詳しく解説します。

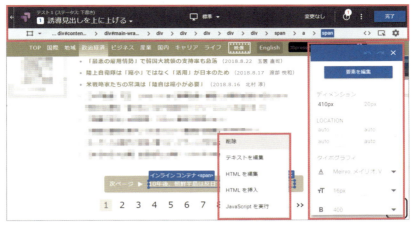

図2-3-9　Googleオプティマイズのビジュアルエディタ

5. ページの要素（ボタンなど）はドラッグ＆ドロップで変更できます。ここでは、「次ページ▶〜」というパーツを、マウス操作で本文直下に移動させています。

図2-3-10　ドラッグ＆ドロップによる要素の移動

6. ボタン要素を選んだ状態で、右下のエディタパネルの「背景」のメニュー（…のアイコン）をクリックすると、色を変更できます。

図2-3-11　要素の色の変更

RGBの色コードの値を指定することも、カラーバーを動かして直感的に色を決めることもできます。色が変更されたら、==画面右上の「保存」ボタンを押してパターンを保存==します。

図2-3-12　ビジュアルエディタ上で、ボタンの位置と色が変更された

7. アプリバーの右上のアイコン（🔲）をクリックしてプレビュー画面を開き、テストパターンを確認します。このとき、リロードしないと正しく表示されない場合があります。なお、このプレビュー画面の表示を「==インタラクティブモード==」と呼びます。

図2-3-13　プレビュー画面を開く

インタラクティブモードでは、次のようにエディターパーツが隠れ、通常のユーザーと同様のサイト操作ができるようになります。ここで、各要素の見え方や動きをチェックして、問題なければ右上の「終了」ボタンを押します。

図2-3-14 インタラクティブモード（プレビュー画面）の終了

8. 通常のエディタ画面に戻り、完成であれば、右上の「完了」ボタンを押して、テストパターンの作成を完了します。

このようなテストパターンを1つ以上作成します。いろいろな可能性を試したい場合は多くのテストパターンを並行してテストすると考察が得やすくなります。一方で、テストパターンを増やすと1つのテストが与える判定への重みが小さくなるので、短期間で単純な判定を望む場合は、オリジナルとテストパターン1つというシンプルなA/Bテストがお勧めです。

## 2-3-5 目標を決める

次に、テストの目標を設定していきます。Googleオプティマイズでは、レポート画面でテストパターンの評価をする際に3つの目標（1つの主目標と2つの副目標）を設定できます。

### Step by Step

1. テスト画面下部の設定欄にある[目標]タブをクリックします。Googleアナリティクスのビューを選択していない場合は、次のように「GOOGLEアナリティクスのビューにリンク」というリンクが表示されるので、それをクリックします。

図2-3-15　Googleアナリティクスのビューを選択

2. 右側に「テスト情報の編集」画面が表示されるので、「このテストに使用するビューの選択」欄で該当のビューを選択します。ここではビューを選択するだけなので、右上の「完了」ボタンを押します。次の目標設定では、このビューに設定した目標が選択できるようになるので、==目標が設定されたビュー==を選ぶとよいでしょう。

図2-3-16　テストに使用するビューの選択

3. ビュー設定が完了すると目標欄に「テスト目標を追加」というリンクが表示されるので、これをクリックします。ポップアップメニューに「リストから選択」と「カスタム目標を作成」という項目が表示されるので、「リストから選択」を選択します。目標の詳細は、このセクションのあとにあるコラム「3つの目標種別とカスタム目標の作成例」を参照してください。

図2-3-17　テスト目標を追加

5. 選択できる項目が表示されるので、目標を設定します。ここでは「ページビュー数」を選択しています。

図2-3-18 　目標を選択

6. 必要に応じて、「+ 副目標を追加」をクリックして、2つめの目標を追加します。副目標として、2つの目標を追加設定できます。

7. 必要に応じて説明や仮説を追加します。この欄は省略可能ですが、テストの目的を確認するために、はじめのステップで設定した仮説を入力しておくとよいでしょう。

図2-3-19 　説明や仮説の追加

8. 右上の「保存」ボタンを押して、目標設定を完了します。

# Column

## 3つの目標種別とカスタム目標の作成例

　Googleオプティマイズには、3種類の目標があり、目的に応じて選択します。

　ページビューやセッションなどの「システム目標」、Googleアナリティクス上に設定した独自の目標を選択する「Googleアナリティクスの目標」、そして、Googleオプティマイズ上で作成する「カスタム目標」です。詳細は、次の表を参照してください。

| | | |
|---|---|---|
| システム目標 | ページビュー数 | 閲覧されたページの合計数。同じページが繰り返し表示された場合も集計される |
| | セッション継続時間 | セッションの長さ（秒数） |
| | 直帰数 | ユーザーが1ページだけ閲覧して、すぐに離脱した回数 |
| | トランザクション数 | サイトで行われた合計購入数 |
| | 収益 | ウェブサイトのEコマースまたはアプリ内トランザクションによる総収益。設定によって、税金と配送料も含まれる |
| | AdSenseのインプレッション数 | ウェブサイトで広告が表示されるたびに、その広告の数がAdSense広告表示回数としてカウントされる。たとえば、2つの広告ユニットを含むページが1回表示された場合、インプレッション数は「2」となる |
| | クリックされたAdSense広告 | AdSenseの広告がサイトでクリックされた回数 |
| | AdSense収益 | AdSenseの広告で得られた推定収益額 |
| Googleアナリティクスの目標 | | 接続したGoogleアナリティクスのビューの目標を選択する |
| カスタム目標 | イベント目標 | ページビューとは独立して、ユーザー操作を「イベント指標」としてトラッキングする（動画の再生やファイルのダウンロードやクリックの件数など）。イベント目標には、イベントカテゴリ、イベントアクション、イベントラベル、イベント値などを設定する |
| | ページビュー目標 | 特定のウェブページのページビュー数 |

・**カスタム目標を作成するには**

1. [目標] タブに移動し、[テスト目標を追加] を選択します。

**[目標] タブからテスト目標を追加する**

2. プルダウンリストから [カスタム目標を作成] を選択します。

**「カスタム目標を作成」を選択**

3. 目標タイプとして、「ページビュー」か「イベント」を選びます。

**「ページビュー」か「イベント」を選択**

4. ルールを作成します。

**目標タイプ「ページビュー」の設定例**
❶カスタム目標のタイトル：目標の名前を入力
❷一致条件：「次で等しい」「次の正規表現に一致」「次で始まる」の3つから選ぶ。「含む」を選択したい場合は「正規表現に一致」を選択する。特殊な記号を使っていなければ問題ない
❸値：ページのURLなどを指定する
❹説明：目標の説明を入力する(任意)
❺カウント方法：「セッションごとに1回」か「セッションごとに複数回」から選択
❻ルールの検証：このルールが問題ないか表示される。非常に便利な機能

5. すべて条件を設定したら「保存」ボタンを押します。

・目標タイプ「イベント」の例

参考にイベントの例も見てみましょう。イベントは各サイトによって任意の変数を設定できるものなので、この限りではないのですが、あるサイトの事例を紹介します。

あるウェブサイトでは、そこから外部のサイトに遷移した際のデータを次のように取得しています。

イベントカテゴリ：External Link (固定値)
イベントアクション：遷移前のページURL (サイト内)
イベントラベル：遷移先のページURL (サイト外)

たとえば、外部サイト（例：https://www.facebook.com/）に遷移した回数を目標値とした場合、次のように設定しました。

イベントカテゴリ：「External Link」　かつ
イベントラベル：「facebook.com」

このように1つのカスタム目標内で複数のイベントを指定できます。その場合、ルール作成部分の右右上にある「＋」リンクをクリックしてルールを追加できます。

**目標タイプ「ページビュー」の設定例**

- Optimize公式ヘルプ：オプティマイズの目標の紹介
  https://support.google.com/optimize/answer/7018998?hl=ja

2-3　テストを作成してみよう　　071

## 2-3-6 ターゲットを決める

　ターゲット設定には非常に多くの機能がありますが、ここでは単純にURLとデバイスのみの設定を行います。ターゲット設定については、「2-4　ターゲット設定の利用シーンと注意点」(078ページ)で詳しく解説しています。

### Step by Step

1. 「ターゲット設定」タブを選択します。

図2-3-20　ターゲット設定タブ

2. 条件欄の左下にある「かつ」ボタンを押すと、右側にターゲット選択画面が表示されます。

図2-3-21　ルールの作成

3. ここでは「テクノロジー」を選択し、スマートフォン以外のデバイスカテゴリを指定する例を説明していきます。プルダウンから「デバイスカテゴリ」を選択し、マッチタイプは「次と等しくない」、値は「mobile」を同様にプルダウンから選択します。そして、右上の「追加」ボタンを押して、条件を確定させます。

図2-3-22　ターゲットの設定

このようにターゲットの設定を行いますが、AND条件で複数の条件を設定できるので、「デバイスがDesktopで、かつ、特定のURLの場合」といった複合的な条件も指定できます。

### パターンの比重を設定する

「パターンの比重」とは、アクセスに対して、どんな割合でオリジナルパターンとテストパターンを出し分けるかという設定です。デフォルトでは均等になっていますが、任意の割合に設定することも可能です。任意の割合に設定する場合は、パター

ンごとに小数点第1位までのパーセンテージで入力し、全パターンの合計を100%にする必要があります。

パターンの比重を編集するには、次のように操作します。

1. テスト画面のターゲット設定の欄に「各パターンのターゲットにするユーザーの比重」という項目があるので、割合を示している帯グラフの右側の「編集」をクリックします。

図2-3-23　「ユーザーの比重」の編集

2. 「パターン比重の編集」画面が表示されるので、各パターンの「分配率」をパーセンテージで入力します。このとき、小数点第1位まで入力できます。均等分配に戻すには「均等に分配」を選択します。

図2-3-24　オリジナルとパターンの分配率を設定する

3. 設定が済んだら、右上の「完了」ボタンを押します。

## 2-3-7 テスト開始から終了まで

テストの準備が整ったら、テストを開始してみましょう。

### Step by Step

1. すべての設定が済んでいれば、テスト画面の上部に「下書き状態です。テストを開始できます。」と表示されているので、「テストを開始」をクリックします。

図2-3-25 「テストを開始」する

> **HINT：「テストを開始」が表示されない場合には**
> 準備が整っていない場合は開始ボタンが表示されません。どの設定が足りないかがバーに明示されるので、手順に沿って設定を完了させましょう。

2. テスト画面上部に「実行中」という青いバーが表示されます。

図2-3-26 テスト実行中

2-3 テストを作成してみよう 075

3. テストを開始したら、必ず本番環境の対象ページを開いてユーザー視点で確認しましょう。その際、ページフリッカーの問題がないかも合わせて確認します。考慮していない条件があったら、いったんテストを中止して、そのテストをコピーして問題点を修正し、改めてテストします。

4. 実行中のテストの状況を確認するには、テストページの上部にある「レポート」タブを選択します。レポートの内容は、目標に対するパターンのパフォーマンスが複数のグラフで表示されます。この画面で終了時期の判断を行います。

図2-3-27　テストのレポート

5. テストの期間は、曜日変動なども考慮し、1週間以上の実施が推奨されており、2週間から1カ月とするのが一般的です。「1つ以上のパターンについて、ベースラインを上回る確率が95％に達する」など、短期でも圧倒的な勝敗が付いた場合を終了要件とすることも可能です。

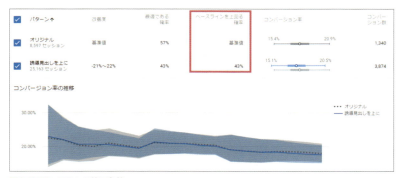

図2-3-28　テストの終了条件

試験的にテストをしている場合は、1日程度でいったん終了してしまってもよいでしょう。正確な判断はできないかもしれませんが、Googleオプティマイズの操作手順に慣れるという目的で実施してみよう。

6. テストを終了すると、次のような緑のバーが表示されます。

図2-3-29　テストの終了

　「レポート」タブを開いて評価するほか、GoogleアナリティクスでもGoogleオプティマイズで設定したパターンごとのデータのユーザー行動を分析することが可能です。テストの開始から終了、評価方法は、Chapter 4で詳しく解説しています。

　これで、「はじめのテスト」は完了です。テストの流れや考え方、概要は把握できたでしょうか。
　Chapter 3ではパターン作成の詳細、A/Bテスト以外のテスト手法（多変量テストやリダイレクトテストについて）を、Chapter 4ではテスト方法や評価方法の詳細について具体例を用いて詳しく解説しています。

# 2-4 ターゲット設定の利用シーンと注意点

## 2-4-1 ターゲット設定

「2-3-6 ターゲットを決める」(072ページ)でも触れましたが、テストの際には「どのようなユーザーを対象としてテストを行うか」ということを「ルール」として設定する必要があります。ここでは、ルールの種類ごとの利用シーンと注意点を説明していきます。

### ルールの種類

**URL**

テスト対象となるページを選択する際に利用します。URLを指定することで、特定のページを対象としてテストを実施できます。また、単一のページだけでなく、複数のページを指定することも可能で、ホストやパスをテスト対象とすることも可能です。たとえば、ランディングページのトップ画像を変更することでコンバージョンにどの程度影響を及ぼしているかをテストしたい場合は、このURLを使ったターゲティングを利用します。

そのほかにも、たとえば「/campaign1」「/campaign2」というように異なる複数のディレクトリに同じバナー画像が設置されていた場合、URLを指定することで同時に画像変更のテストを実施することが可能です。

URLは、テスト対象のページが決まっている場合は設定しておいたほうがよいでしょう。URLを指定していないと、予期していないページにテストの影響が及んでしまうこともあります。たとえば、画像サイズを変更してコンバージョンへの影響があるかをテストする場合、URLを設定していないと、別ページで同じ画像が使われていると、そちらの画像サイズも変更されてしまうということが起こりえます。

図2-4-1 「URL」の変数の設定

このとき、対象を変数の値として指定し、「一致」「等しい」「含む」「始まる」「終わる」「正規表現の一致」などの条件で柔軟に設定できます。

・URL
　テスト対象のURLを指定します。マッチタイプや演算子と組み合わせてテストの対象となるページを柔軟に指定できます。

・ホスト
　ドメイン名を指定します。サイト内のすべてのページをテストの対象にする際に利用します。

・パス
　URLでホスト名をドメイン名に続く部分を指定します。クエリパラメータは含まれないため注意が必要です。

・URLフラグメント
　URLが「〜sample.html#hoge」であれば、hogeの部分を指します。「#」よりも後ろの部分で特定のページを指定してテストする場合に利用します。

### Googleアナリティクスのユーザー

これは有料版の「オプティマイズ360」を利用している場合のみに利用できるターゲティング方法です。無料版では利用できません。

Googleアナリティクスで作成したユーザーリストをターゲットとしてテストを実施できます。サイト上で特定の動きをしたユーザーに絞ったテストが可能になります。たとえば、特定のカテゴリページを長時間閲覧しているユーザーやECサイトでカート落ちしたユーザー、最近コンバージョンに至ったユーザーなど、価値の高いユーザーのみを対象としてテストを行いたい場合に便利です。

図2-4-2　「Googleアナリティクスのユーザー」の設定

　ターゲット設定で「Google アナリティクスのユーザー」を選択すると、対象プロパティのGoogleアナリティクスのユーザーリストを選択できるようになります。

### Google広告

　アカウント・キャンペーン・広告グループ・キーワードのそれぞれのレベルで、ユーザーがクリックした広告を基準にA/Bテストを実施できます。

　Google広告を使用し、同一広告文でリンク先を変えてA/Bテストを実施する場合、最適化機能が働くために50:50の比重でテストを行うのが困難なことが知られています。そういった際に、このターゲットを指定することで、A/Bテストの比重のコントロールはもちろん、さまざまな条件を掛け合わせ、より細かい設定が可能になります。

　既存の広告効果が頭打ちになっていて次の施策に困っている場合など、Googleオプティマイズと連携させてA/Bテストを実施すれば、これまでと違った視点から広告価値を検証できます。

　ルールの種類には、「アカウント」「キャンペーン」「広告グループ」「キーワード」があります。

　Google広告と連携させるには、次のように操作します。

1. テストしたいキャンペーンがGoogleオプティマイズとの連携に対応しているかどうかを確認します。対応しているキャンペーンは、検索キャンペーンとショッピングキャンペーンの2種類です。ディスプレイネットワーク対応の検索キャンペーンの場合には、検索ネットワーク経由のキャンペーンのみがテスト対象となります。

2. Googleアナリティクスの「管理」からリンクするプロパティに移動して、「Google広告のリンク設定」からリンクするGoogle広告のビューを選択します。

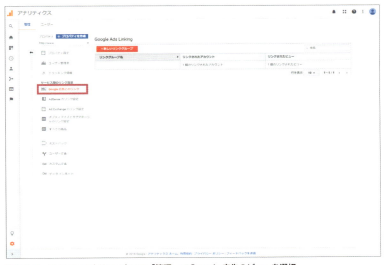

図2-4-3　Googleアナリティクスの「管理」でGoogle広告のビューを選択

3. Google広告のツール内設定から「リンクアカウント」を選択して、「Googleアナリティクス」で「Googleオプティマイズの共有」をオンにします。

図2-4-4　Google広告の設定で「リンクアカウント」を選択

**図2-4-5　「Googleオプティマイズの共有」をオンにする**

4. Google広告とリンクしたGoogleアナリティクスのプロパティ「オプティマイズとタグマネージャのリンク設定」に、Googleオプティマイズコンテナがリンクされていることを確認します。

**図2-4-6　「Googleアナリティクス」のプロパティを確認**

適正にリンクされていれば、A/Bテストに必要な連携が完了です。

### 行動

　行動によるターゲティングは、ウェブサイトに訪れた新規ユーザーをターゲティングする場合に有効です。また、指定したウェブサイトからアクセスしたユーザーに絞ってターゲティングすることも可能です。

　最初にウェブサイトを訪れた時刻からの経過時間を閾値としてテストの出し分けができるため、初回アクセスのみをテストの対象にするといったことなどが可能となります。ウェブサイトへの到着時間はGoogleアナリティクスCookieによって設定された時刻で判断しています。ユーザーがCookieを削除した場合など、Cookieがないと毎回テストの対象となる可能性があるため注意が必要です。

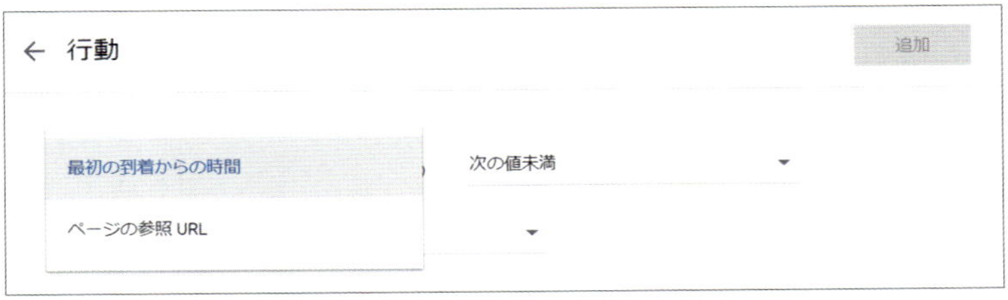

図2-4-7 「行動」の変数の設定

このとき、対象を変数の値として指定し、さまざまな条件で柔軟に設定できます。

・最初のアクセスからの時間
指定した時間内に再訪したユーザーをターゲットにテストを実施できます。指定した値「未満」「よりも大きい」が設定可能です。時間は「秒」「分」「時間」「日」で指定可能です。

・ページの参照URL
テスト対象のウェブサイトに送り込んだ特定のチャネルや参照元でターゲットを絞ってテストを実施できます。「等しい」「含む」「始まる」「終わる」「正規表現に一致」「等しくない」「含まない」「始まらない」「終わらない」「正規表現に一致しない」を指定可能です。

地域
特定の地域からアクセスするユーザーをターゲティングしてテストを実施できます。たとえば、特定の都市のユーザーをオフラインのイベントや特定の店舗に招待するといったことが可能になります。ただし、IPアドレスによって地域を特定しているため、実際の地域とズレが発生する可能性があるので注意が必要です。

図2-4-8 「地域」の変数の設定

2-4 ターゲット設定の利用シーンと注意点　083

このとき、対象を「都市」「地域」「大都市圏」「国」を変数の値として指定し、さまざまな条件で柔軟に設定できます。

### テクノロジー

　ユーザーがウェブサイトを閲覧する環境に応じてターゲティングを行い、テストを実施することが可能となります。たとえば、ユーザーの利用ウェブブラウザや、OS、デバイスの種類や端末情報を指定きます。

　ウェブブラウザに関しては、特定のウェブブラウザに限定してテストするよりも、一部のウェブブラウザを除外するといった使い方をする場合のほうが多いかもしれません。たとえば、A/Bテストで変更を行った際に、特定のウェブブラウザで表示が崩れることがあります。このような場合、特定のブラウザを除外設定してテストを実施することが可能です。

図2-4-9　「テクノロジー」の変数の設定

　各変数は、ユーザーのウェブブラウザから送信されるユーザーエージェント文字列から取得します。

・ブラウザ
　Google Chrome、Mozilla Firefox、Safari、Internet Explorer、Operaなどを指定できます。

・オペレーティングシステム
　Windows、Mac、Linux、iOS、Android、Chrome OS、Windows Phoneを指定できます。

・デバイスカテゴリ

パソコン、モバイル、タブレットを指定できます。

・モバイル端末情報

Apple iPhone、Google Nexus 5、Sony SO-01J Xperia XZのように指定できます。Googleアナリティクスのディメンションのモバイル端末の情報に格納される値を利用できます。

### JavaScript変数

ウェブサイトのソースコード内で対象とする値が JavaScript変数の形式で検出できる場合、ターゲティングに利用できます。参照するJavaScript変数が削除された場合や変数の名前が変更された場合は、ターゲティング条件が機能しなくなります。したがって、別のターゲティングルールで対応できない場合のみに利用するようにしてください。

JavaScript変数によるターゲティングを行うケースとして、たとえば、商品を5,000円以上購入した場合に送料無料になるECサイトで、ユーザーのカートの金額を購入手続きページの変数に格納している場合、カート内の商品の合計額が4,000～4,999円であれば、ページ上におすすめ商品画像と「これも合わせて買うと送料無料」といった文言を表示して顧客単価の変動をテストするといったことが考えられます。

このように、ウェブページ内に表示される変動する値を元にテストを行いたい場合は、JavaScript変数によるターゲティングを利用するとよいでしょう。

また、Googleオプティマイズのスニペットのあとで定義されたJavaScriptは、ページの読み込みの際にターゲットとして利用できないため注意が必要です。ユーザー定義JavaScriptはhead要素内のGoogleオプティマイズのスニペットよりも前で定義するようにしてください。

### ファーストパーティのCookie

ウェブサイトからファーストパーティCookieが発行されているかどうかを判別した上で、その情報をもとにターゲティングに利用できます。

これがよく利用されるケースとしては、Cookieを利用することでログインの有無を判別し、ログインユーザーのみに絞ってテストを実施するといったことがあります。

ファーストパーティの Cookieをターゲット設定に利用する場合には、カスタム変数を作成する必要があります。ルールの種類として「ファースト パーティ Cookie」を選択した後に、変数の新規作成(既存の変数がある場合は、どちらかを

選択)を行います。作成した変数に対してマッチタイプを設定することで、ターゲットを設定できます。

ウェブブラウザのデベロッパーツールなどから、ファーストパーティCookieを確認することができるので、調べてみてください。

### カスタムJavaScript

ページにJavaScriptを挿入し、そのJavaScriptの返す値に基づいてユーザーをターゲティングし、テストを実施できます。

利用する機会はあまり多くありませんが、URLやJavaScript変数など、ほかのターゲティングでは取得できないウェブページの情報でターゲティング条件を設定したい場合に使用します。カスタムJavaScriptはreturn文を使用して値を返す単一関数である必要があり、このJavaScriptが返す値に基づいてユーザーをターゲットに設定できるようになります。

ルールの作成からカスタムJavaScriptを選択し、「変数」「新規作成」の順にクリックすると、図2-4-10のような画面が表示されます。

図2-4-10 「カスタムJavaScript」の編集画面

この例では、次のようなページタイトルを取得するJavaScriptを記述しています。変数の名前は「title」としています。

```
function(){
  return document.title;
}
```

このようにJavaScriptを記述し、return文で返ってくる値を利用してターゲティングを行えます。

図2-4-11 「カスタムJavaScript」の変数設定

図2-4-11は、先のカスタムJavaScriptによって、変数titleに「ページタイトル」が格納されているので、titleに「hogehoge」が含まれる場合をターゲティングし、テストを行うように設定している例です。

#### クエリパラメータ

URLのクエリ文字列に含まれる値を利用することでターゲットを絞り、テストを行えます。クエリパラメータは、URL内のクエスチョンマーク(?)以降からハッシュマーク(#)以前の文字列を指します。

たとえば、URLが「https://www.example.com/search?q=hoge#fragment」であれば、「q=hoge」がクエリパラメータです。「http://www.example.com?utm_source=google&utm_medium=email&utm_campaign=september」のように複数のクエリパラメータが含まれ、アンパサンド(&)で区切られている場合がありますが、それぞれをターゲティングに利用することが可能です。これを活用して、特定のメルマガキャンペーンから流入したユーザーをターゲティングしたり、特定の文字列でサイト内検索を行ったユーザーをターゲティングするといったことが可能になります。

URLによるターゲティングではURL全体を参照していましたが、クエリパラメータはクエスチョンマーク(?)以降からハッシュマーク(#)以前の文字列を指すため、注意して使い分けを行ってください。

Googleカスタム検索エンジンやアメーバブログ（アメブロ）など、サイト内検索を行った際に「?q=hoge」のように「q」というクエリパラメータが付けられることが多いのですが、これを「search query」のようにわかりやすい変数名にできます。ルールの作成からクエリパラメータを選択し、「変数」「新規作成」と進むと、図2-4-12のような画面になります。そこで、クエリキー（ターゲットとするクエリコンポーネント）と変数名（自身で設定）を指定するので、わかりやすい値を入力します。

**図2-4-12　変数名の入力**

　さらに、図2-4-13のように条件を追加すると、「search query」というわかりやすい変数名に格納されたサイト内検索のキーワードを利用してターゲティングを行えます。

**図2-4-13　クエリパラメータの指定**

　この場合、クエリコンポーネントの値に「hoge」という文字列が含まれていれば条件を満たすことになり、テストの対象となります。

### データレイヤー変数

「データレイヤー」とは、==ウェブサイトからGoogleタグマネージャに自在にデータを渡す仕組み==（実体はJavaScriptのオブジェクト）のことです。具体的に、あるメディアサイトのソースコードから、データレイヤー設定を見てみましょう。

```
<!-- Google Tag Manager -->
<script>
dataLayer =[{
    'pubDate' : '20181022',    //公開日
    'articleUrl' : 'http://jbpress.ismedia.jp/articles/-/54443',    //記事URL
    'authorName' : 'Financial Times',    //著者名
    'userStatus' : 0,  //非会員は0、無料会員は1、有料会員は2
    'genre' : '国際'
}];
(function(w,d,s,l,i){
w[l]=w[l]||[];w[l].push({'gtm.start':new Date().getTime(),event:'gtm.js'});
var f=d.getElementsByTagName(s)[0],j=d.createElement(s),dl=l!='dataLayer'?'&l='+l:'';j.async=true;j.
src='https://www.googletagmanager.com/gtm.js?id='+i+dl;f.parentNode.insertBefore(j,f);
})(window,document,'script','dataLayer','GTM-       ');
</script>
<!-- End Google Tag Manager -->
```

**図2-4-14　あるウェブサイトのデータレイヤー変数の設定例**

　GoogleタグマネージャのJacaScriptオブジェクトに「dataLayer」という記述があり、その中に次のように設定されています。

| 公開日 | 'pubDate' : '20181022' |
|---|---|
| 記事URL | 'articleUrl' : 'http://jbpress.ismedia.jp/articles/-/54443' |
| 著者名 | 'authorName' : 'Financial Times' |
| ユーザー状態 | 'userStatus' : 0 |
| 記事ジャンル | 'genre' : '国際' |

**表2-4-1　「dataLayer」の設定**

　それぞれコロン（:）で挟んで、変数名と値を示しています。これは、==ウェブサイトを表示する際に、プログラムからソースコードに追加==しています。したがって、サイトのシステム担当者などに依頼して設定してもらいます。このほかにも、ECサイトであれば、商品データ（商品名、価格、カテゴリ）、トランザクションデータ（カートの値、購入した日付）などの情報を渡すこともできます。渡す情報に決まりはないので、サイトによって必要な変数を設定できます。用途としては、Googleオプティマイズでの使用にとどまらず、Googleアナリティクス上でデータレイヤーの値をカスタム変数に設定して分析に活用したりといったこともできます。

- Google タグマネージャーヘルプ：データレイヤー
  https://support.google.com/tagmanager/answer/6164391?hl=ja

では、Googleオプティマイズで、データレイヤーの値に応じてテストを出し分けるターゲット設定を行ってみましょう。

まずは、ターゲットの設定画面から「データレイヤー変数」を選びます。

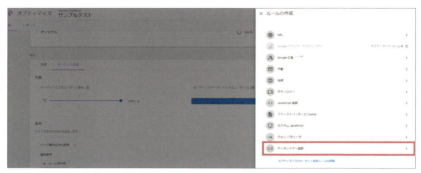

図2-4-15　「ルールの作成」から「データレイヤー変数」を選ぶ

次のような画面が表示されるので、「変数は『genre』、値は『国際』、演算子は『等しい』」などの設定をして、「追加」ボタンを押します。

図2-4-16　データレイヤー変数「genre」の設定例

ほかにも、変数「userStatus」の値が「1」のときは「会員」を示す場合、「0」と一致すれば「非会員」ということになるので、無料会員に誘導するポップアップを表示するといった施策も考えられます。

図2-4-17　データレイヤー変数「userStatus」が「0」と一致する場合

　ここでは、データレイヤーの2つの変数「genre」と「userStatus」をターゲットとして、値を設定しました。

図2-4-18　データレイヤー変数「genre」と「userStatus」をターゲットとして設定

　サイトによってデータレイヤーの設定は多種多様なので、各サイトの目的に合わせたデータレイヤー設定およびGoogleオプティマイズのターゲット設定をしていきましょう。

# Chapter 3
# パターン作成の基本

ウェブテストでは、複数の「パターン」を比較して、最適解を探します。Googleオプティマイズには、パターンをすばやく簡単に作成できる「ビジュアルエディタ」が用意されています。この章では、ビジュアルエディタを使ったパターンの作成方法からプレビューまでを解説していきます。本書を参考にして操作を行いながら、どのようにパターンを作成するのか、そして、作成したパターンをどのように編集していくのかを実践してください。

**3-1** パターンとは
**3-2** ビジュアルエディタの使い方
**3-3** パターンを編集する
**3-4** 作成したパターンをプレビューする

# 3-1 パターンとは

ウェブテストにおける「パターン」とは、ウェブページの一部分、またはウェブページ全体にオリジナルと違いをも持たせたものを指します。ウェブテストでは複数のパターンを用意し、オリジナルも含めて、どのパターンがよりよい結果が得られるかを検証します。たとえば、ボタンがオレンジ色であるオリジナルのウェブページをパターンA、そのボタンを黄色にしたパターンBを用意してテストします。なお、「A/Bテスト」と呼ばれることが多いのですが、パターンAとパターンBの2パターンだけでテストをするわけではなく、2つ以上のパターンを同時にテストすることも可能です。

Googleオプティマイズには、ウェブページの一部分だけが異なるパターン、複数の要素が異なるパターン、ページ全体が大きく異なるパターンのそれぞれに最適なテストができるように3種類のテストタイプが用意されています。パターンの編集に関しては、「3-2　ビジュアルエディタでの使い方」(101ページ)や「3-3　パターンを編集してみよう」(107ページ)で解説します。

## 3-1-1 A/Bテストのパターン設定

もっとも基本となる「A/Bテスト」については、一連の流れを「2-3　テストを作成してみよう」(056ページ)で説明しました。単純に複数のパターンを作成し、目標に照らした各パターンの掲載結果データから最良の結果を得られるパターンを特定します。

## 3-1-2 多変量テストのパターン設定

「多変量テスト」(MVT：MultiVariate Test)は、複数の要素を持つパターンを同時にテストして、最良の結果が得られる組み合わせを特定するというものです。A/Bテストが最良の結果を得られるページのパターンを特定するのに対して、多変量テストでは最良の結果が得られる各要素のパターンを特定し、要素感の相互作用を分析します。たとえば、2種類の見出しと3種類のアイキャッチ画像でテストをする場合、合計6つ(2×3)の組み合わせを同時にテストします。たとえば、ランディ

ングページの複数の項目（メインビジュアル、キャッチコピー、ボタンの色と形など）を最適化する場合などに適しています。

## 設定方法

エクスペリエンス名とテストするページのURLを入力し、テストのタイプとして「多変量テスト（MVT）」を選択します。

図3-1-1　多変量テストの作成

多変量テストの設定では、パターンの作成以外に「セクション」を作成することができます。多変量テストにおけるセクションとは、「見出しテキスト」や「画像」「ボタン」などの各要素のことです。セクションは最大4つまで作成可能です。

図3-1-2　多変量テストの設定

多変量テストでは、各セクションと各パターンのそれぞれに名前を付けられるので、管理しやすい名前にします。パターンの編集は、A/Bテストと同様に、各パターンの右側にあるメニューから行えます。

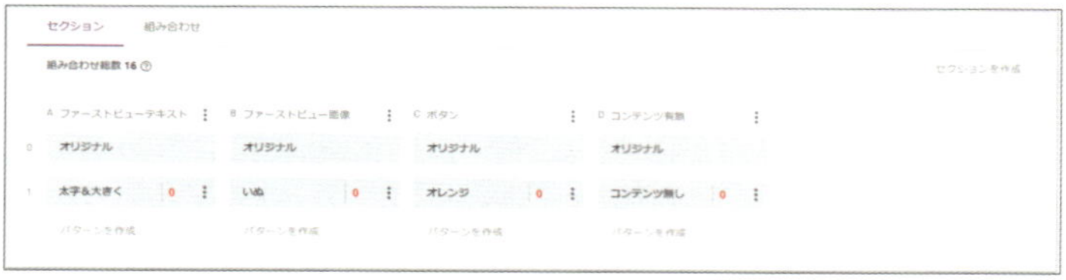

図3-1-3　セクションを作成

　無料版のGoogleオプティマイズには、組み合わせ総数が16個までという制限があります。たとえば、4つのセクションを使うなら、2パターン×2パターン×2パターン×2パターンで16通りのテストパターンが実行できるということです。なお、有料版では36個に拡張されます。

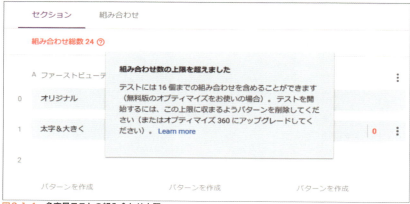

図3-1-4　多変量テストの組み合わせ上限

## 3-1-3 リダイレクトテストのパターン設定

　リダイレクトテストは、ページ内の要素ではなく、URLまたはパスでパターンを指定するものです。デザインが大きく異なる2つのランディングページ、全面的にデザイン変更したページをテストするといった場合などに使用します。

図3-1-5　リダイレクトテストの作成

　テスト名とテストするページのURLを入力し、テストのタイプとして「リダイレクトテスト」を選択します。

図3-1-6　リダイレクトテストの設定

　A/Bテストと同じく、「パターンを作成」からパターンを作成しますが、リダイレクトテストのパターンは、リダイレクト先のURLを指定するだけです。A/Bテストや多変量テストのようにビジュアルエディタを使って作成することができないので、事前にほかのツールを使ってページパターンを作成し、URLを準備しておきます。

図3-1-7　パターンの追加

　リダイレクトテストも、ほかのテストと同様に複数のパターンを同時にテストすることが可能なので、必要な数のページを作成し、対応するURLを用意します。

# Column

## 「カスタマイズ」機能について

　作成するテストのタイプにある「カスタマイズ」は、A/Bテストに使うためのものではなく、特定の層に向けて、中身をカスタマイズして見せるための機能です。たとえば、特定の広告キャンペーンからの流入をそれぞれのキャンペーンに合った画像に変えたり、iOSデバイスを使っている人だけにiOS関連の案内を出すといったことが可能です。

　この機能は、無料版の場合、テストの5個までの枠とは別に、10個まで実施できます。つまり、テスト枠を消費せずに、簡単なカスタマイズツールとしても使うことができるということです。

> Google オプティマイズの無料版では、1つのコンテナで同時に実施できるテストの数が最大 5 個に、カスタム パターンの数が 10 に限定されています。この数はオプティマイズ 360 にアップグレードすると増やすことができます。
>
> 詳細

**カスタマイズの上限数**

　カスタマイズを利用するには、「エクスペリエンスを作成」をクリックします。タイプには「カスタマイズ」を選択し、テストの作成と同じく、名前とカスタマイズしたいページURLを設定し、「作成」ボタンを押します。

**カスタマイズの作成**

テスト詳細画面と見た目は少し違いますが、設定する内容はテストと同じく、どのような層に見せるかという「ターゲット設定」と、何を見せるかという「サイトの内容の変更」の２つです。

**カスタマイズの詳細画面**

　次に示したのは、トップページに来訪したiOSユーザーだけにカスタマイズパターンを見せるという設定です。設定が完了したら、右上の「開始」ボタンを押して、カスタマイズの配信を開始します。

**カスタマイズの設定**

　Googleオプティマイズはテストできる枠数に限りがあるので、A/Bテストでよいパターンが見つかったら、そのパターンはカスタマイズ機能で配信しておき、テスト枠を空けて新しいテストを実施するといった運用が効果的でしょう。

　実際に、実行中のテストで明確なリーダー（最適なパターン）が見つかると、「DEPLOY LEADER」ボタンが表示され、このボタンを押すと、パターンでの変更、ターゲット設定ルールをコピーして、カスタムパターンを作成できます。

**テスト実行中に明確なリーダーが見つかる**

　このときに表示されるダイアログで「続行」を選択すると、テストが終了し、指定した名前のカスタムパターンが開始されます。

**テストを終了してパターンをデプロイ**

　カスタマイズは、A/Bテストと同様にレポート機能（カスタマイズされたパターンの表示された件数を見ることができるのみ）があったり、発行されるエクスペリエンスIDを活用してGoogleアナリティクスでセグメントを作成して分析することもできるので、A/Bテストツールの1機能と決めつけずに、柔軟に活用してみてください。

# 3-2 ビジュアルエディタの使い方

　Googleオプティマイズには、パターンをすばやく簡単に作成することができる「ビジュアルエディタ」が用意されています。実際のウェブページを見ながら、直感的にテキストの書き換えやスタイルの変更を行えるので、HTMLやCSSに詳しくない場合でも思い通りのパターンを作成できます。たとえば、テキストの書き換えは、変更したいテキストを選択し、「編集」ボタンを押せば、Wordやテキストエディタのように、文字キーと [Back space] 、 [Delete] などを使って編集できます。

　また、Googleオプティマイズのパターンでは、HTMLやCSSの変更だけではなく、JavaScriptの実行も可能です。これらを組み合わせれば、新しいウェブページを開発するように自由度が高く、拡張的なパターンを作成することも可能です。

## 3-2-1 事前準備：拡張機能のインストール

　ビジュアルエディタを使用するには、Google Chromeの拡張機能が必要です。「2-2-5　Step4：CChromeのGoogleオプティマイズ拡張機能」(051ページ)で導入していなければ、テストの詳細画面でパターンをクリックすると表示されるウインドウから、「拡張機能をインストール」をクリックしてインストールを行い、有効化しておきます。

図3-2-1　Google Chrome拡張機能「Google Optimize」
(https://chrome.google.com/webstore/detail/google-optimize/
bhdplaindhdkiflmbfbciehdccfhegci)

## 3-2-2 ビジュアル エディタを使う

準備が終わったら、ビジュアルエディタ使ってパターンを編集してみましょう。

ビジュアルエディタを開くには、テストの詳細画面でパターン名や「0件の変更」と書かれたところをクリックします。

図3-2-2　テストの詳細画面

## ビジュアルエディタの構成要素

図3-2-3　ビジュアルエディタの構成要素

102　**3**　パターン作成の基本

ビジュアルエディタは、大きく3つの要素で構成されています。

1. アプリバー
2. エディタパレット
3. 現在の選択

本書でもっともよく使う画面になるので、詳細に紹介していきましょう。

### 1. アプリバー

テストのステータス確認やユーザーエージェント（UA：User Agent）の切り替え、パターンの切り替えに使います。

図3-2-4　アプリバー

#### Ⓐ テスト名
現在のテスト名が表示されます。

#### Ⓑ テストのステータス
現在のテストのステータスが表示されます。テストのステータスは、「下書き」「実行中」「終了」の3つです。

#### Ⓒ パターン選択ツール
現在のパターン名が表示されます。プルダウンリストになっているので、ここから編集したいパターンの変更やオリジナルの確認ができます。また、パターンの追加や削除、パターンのコピーの作成もできます。

#### Ⓓ 編集デバイス選択ツール
現在の編集デバイスが表示されます。プルダウンリストになっているので、スマートフォンやタブレットに切り替えてパターンを編集できます。

#### Ⓔ 変更リスト
ビジュアルエディタを使って現在のパターンに加えたすべての変更が表示されます。たとえば、スタイルの変更であれば、どの要素に対して、どの属性に、どんな値を設定したのかを確認できます。また、変更点ごとに編集や削除ができます。

**❻ ビジュアルエディタ診断**
動的ページで変更済みの位置や構造のある要素を修正するとアラート（警告）が表示されます。アラートの内容によっては正常にテストが実行できないことがあるので、必ず確認しましょう。

**❼ 階層バー**
現在の選択されている要素が、HTML構造において、どんな階層にあるかが表示されます。要素の横にある大なり記号（▶）をクリックすると、任意の子要素が選択できます。

**❽ エディタパレットを開く**
エディタパレットが非表示になっている場合に表示されます。クリックすると、エディタパレットが表示されます。

**❾ CSSの編集**
現在のパターンのスタイルに対する変更が、CSSとして表示されます。このCSSを修正したり、ここからスタイルの設定をすることもできます。

**❿ インタラクティブモード**
このボタンを押すと「インタラクティブモード」が有効になり、プルダウンメニューやスライドショーなど、ウェブサイトの動的な部分にアクセスできます。編集したい要素を表示して、編集モードに戻ると変更が有効になります。

**⓫ 移動の設定**
要素の移動方法について、「並べ替え」「自由に移動」の2つから設定できます。「並べ替え」は、ページ構造を保ったまま移動できます。「並べ替え」にはさらに2つの設定があり、「並べ替え用に自動選択」では移動可能な要素が自動的に選択され、「ターゲット要素外で並べ替え」ではほかの要素の前後のアイテムだけを並べ替えできます。また、「自由に移動」では、選択した要素をほかのコンテンツの上にフローティングさせることで、HTML構造を無視した任意の場所に移動できます。

## 2.エディタパレット

選択した要素に対して、基本的な編集をしたり、元に戻したりするときに使います。

Ⓐ元に戻す

Ⓑやり直し

Ⓒ編集を終了
エディタパレットを非表示にできます。再度表示するには、画面上部のアプリバーにある「エディタパレットを開く」ボタンを押します。

Ⓓ要素を編集
選択している要素に対して、削除、テキストの編集、HTMLの編集や挿入、JavaScriptの実行といった変更を加えることができます。

図3-2-5　エディタパレット

Ⓔその他変更・編集ツール

CSSに関する知識がなくても、要素のスタイルを編集できます。デフォルトで入力されている値は、その要素に現在設定されている値です。黒色で表示されている値は、その要素に対して設定されている値で、薄い灰色で表示されている値は、親要素から継承されている値を表しています。

- ディメンション：要素の横幅や縦幅を編集できる。widthやheightといった属性の編集に当たる
- LOCATION：要素の位置を編集できる。leftやtop、right、bottomといった属性の編集に当たる
- タイポグラフィ：要素のフォントについて編集できる。font-familyやfont-size、font-weight、text-align、color、text-decoration、line-height、word-spacing、white-spaceといった属性の編集に当たる
- 背景：要素の背景を編集できる。backgroundプロパティに関する属性の編集に当たる
- 枠線：要素の余白や枠線の編集できる。borderプロパティに関する属性の編集に当たる
- レイアウト：要素の表示に関する編集できる。floatやvertical-align、overflow、opacity、z-indexといった属性の編集に当たる

これらの項目以外にも、選択した要素によっては、項目が増えるものがあります。たとえば、リンク要素（<a>）を選択すると「DESTINATION」という項目が増え、リンクの遷移先であるhref属性の編集ができます。また、画像要素（<img>）を選択すると「SOURCE」という項目が増え、表示する画像を設定するsrc属性の編集ができます。

### 3.現在の選択

　編集したい要素を選択します。右クリックから要素の削除やテキストの編集、HTMLの編集や挿入、JavaScriptの実行などの編集ができます。Shift を押しながらクリックすると、複数の要素を選択できます。

# パターンを編集する

　ビジュアルエディタの画面の使い方がわかったら、さっそくパターンの編集をしてみましょう。ここでは、要素ごとに編集する方法を紹介していきます。実際のテストでは、これらを組み合わせてパターンを作ることになります。

## 3-3-1　テキストを変更する

　テキストの変更は、A/Bテストのさまざまなシーンで使う基本の機能です。たとえば、ランディングページの改善であれば、複数のキャッチコピー案を用意して、もっともコンバージョン率が高いパターンを発見するときなどに使います。

　テキストの編集をするには、変更したい要素を選択し、右クリックすると表示されるメニューから「テキストを編集」を選びます。

図3-3-1　「テキストを編集」を選択

　「テキストを編集」を選択すると、該当するテキストにフォーカスが当たり、Wordやテキストエディタのように点滅するカーソル(Iビームポインタ)が現れます。あとは、通常のキーボード操作でテキスト内容を書き換えることができます。変更が終わったら、画面右下にある「完了」ボタンを押せば完了です。

3-3　パターンを編集する　　107

図3-3-2　**テキストを編集する**

　編集が完了すると、画面上部のアプリバーにある「変更リスト」から変更点を確認できます。つまり、テキストの編集は、ある要素に対して、新たに設定したテキスト内容を置換するという仕組みになっていることがわかります。

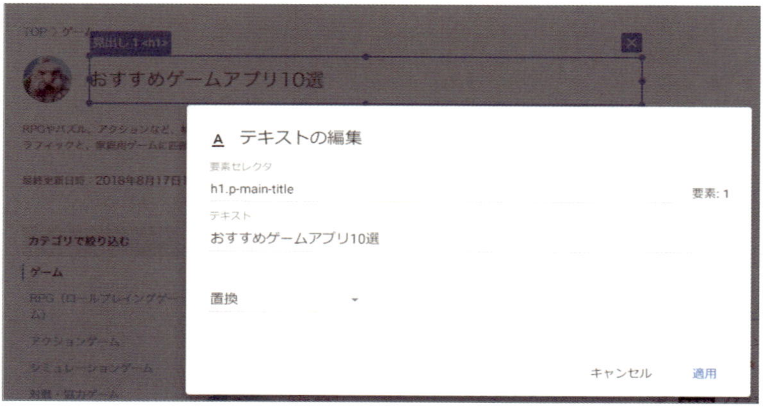

図3-3-3　**内容を確認**

## 3-3-2 文字のサイズや色などのスタイルの変更をする

　テキストの内容だけでなく、文字サイズを大きくしたり、もっと目立つ色にしたりといった場合に使うのがスタイルの変更です。Googleオプティマイズでのスタイル変更は、CSSに関する知識がなくても、直感的に行えます。

　文字のサイズや色、太さなど基本的な文字のスタイル変更は、エディタパレットの「タイポグラフィ」で設定します。最初は現在のスタイルが表示されており、値を変更すると、リアルタイムで変更が反映されるので、試しながら設定できます。

図3-3-4　エディタパレットで現在のスタイルを確認

　図3-3-5では、文字のサイズを大きく、太く、色を赤色に変更しています。エディタパレットでは、変更した値が青文字で表示されます。

図3-3-5　文字スタイルの変更

スタイルの変更は、変更リストでは図3-3-6のように属性ごとに表示されます。

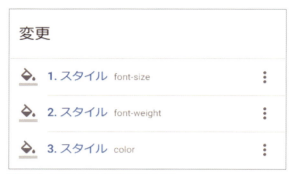

図3-3-6　文字スタイルを複数変更した場合

変更リストを確認すると、要素のfont-size属性に対して、「30px」という値を設定した変更であることがわかります。

図3-3-7　font-size属性の編集内容

## 3-3-3 要素のリンク先属性を変更する

　Googleオプティマイズでは、セッション単位でテストを実施します。したがって、1つのページ内の要素の変更だけではなく、次のページへの遷移を意識したセッション全体での体験を考慮したパターンも考えられます。たとえば、ランディングページから直接コンバージョンURLに遷移するほうがよいのか、詳細ページを見せてからコンバージョンURLに遷移させるほうがよいのかというテストが可能です。

　リンク要素のリンク先変更は、エディタパレットの「DESTINATION」で設定します。現在のリンク先が表示されているので、任意のURLに書き換えることで、リンク先を変更できます。ただし、エディタパレットからでは、リンク先（href属性）の変更しかできません。内部リンクから外部リンクに変更する場合、つまり外部サイトに遷移させる場合などでは、target属性を「target="_blank"」にして、新しいタブで開いてもらいたいということもあるでしょう。そういった場合には、HTMLをまるごと編集してしまう方法や、属性の変更からリンク先以外を変更する方法を使用します。

**図3-3-8　エディタパレットでリンク先を確認**

　属性の変更をするには、画面上部にある階層バーの一番左にある□を押して「要素の選択」を開きます。そして、右下にある「変更を追加」を選択し、「属性」をクリックすると「属性の編集」が開きます。

図3-3-9　要素の選択

　変更したい属性を入力すると、現在設定されている値が表示されます。値に何も表示されない場合は、その属性に対して何も設定されていないということです。リンク要素をクリックしたときに新しいタブで開かせたい場合は、図3-3-10のように、target属性に「_blank」という値を設定します。このとき、エディタパレットからの変更と違って属性の名前も設定する必要があるので、スペルミスに気をつけましょう。

図3-3-10　属性の編集

## 3-3-4 要素を削除する

　ウェブテストでは、要素の変更だけでなく、削除も有効です。要素を減らしてシンプルな構成にすることで、ユーザー体験に変化が起こることもあります。

　要素を削除するには、削除したい要素を選択して、右クリックで表示されるメニューから「削除」を選択します。

図3-3-11　要素の削除

　変更リストから要素の削除をした変更を確認すると、display属性に「none」という値を設定していることがわかります。これは、スタイル的に非表示にしているということです。つまり、要素を減らしたとしてもページ容量が削減されるわけではないということです。非表示にした要素のレンダリングが発生しなくなるので、量によっては体感速度の改善につながるかもしれませんが、ページ容量を減らすことで読み込み速度を上げてユーザー体験を高めるといったテストは成立しないことに注意してください。

図3-3-12　削除した要素の変更点

## 3-3-5　要素を並び替える

　要素の並び替えは、効果的に行うとユーザー体験が大きく変わるので、ページの改善につながります。ユーザーの態度変容を意識して、適切な要素の並びを考えてみましょう。

　要素の並び替えは、ドラッグ＆ドロップで直感的に行えます。順番を変更したい要素を選択し、設置したい位置までドラッグして、ドロップするだけです。

図3-3-13 ドラッグして要素を並び替える

　変更リストから並び替えの変更を確認すると、ドラッグした要素が「ターゲット要素」の「後に移動」という設定になっていることがわかります。

図3-3-14　並べ替えの編集

　要素の並び替えは、画面上部のアプリバーにある「移動の設定」から方法を変更できます。

- 並べ替え・並べ替え用に自動選択：HTML構造的に並び替えることを目的とした正しい要素が自動で選択され、要素の並び替えを行う
- 並べ替え・ターゲット要素外で並べ替え：HTML構造的に並び替えるのではなく、まったく別の位置へ要素を移動できる
- 自由に移動：HTML構造を無視し、任意の位置に移動する。これを使うと、位置関連のスタイルが変更され、画面上の任意の座標に要素を移動できる

図3-3-15　移動の設定

## 3-3-6 CSSを編集して全スタイルを変更

　ここまで紹介してきたのは、要素を選択して編集する方法でした。複数の要素を一括で選択して変更することもできますが、それでもリスト型のページで各項目のスタイルを変更する場合などは大変です。そのような場合には、CSSを編集すると、まとめて変更ができるので便利です。また、多数の変更点があるわけではないので管理が容易になるというメリットもあります。

　図3-3-16で「要素:1」となっているように、ビジュアルエディタで要素を選択すると、要素セレクタは「nth-of-type(1)」のように「何番目の」を指定した、1つだけの要素に限定するセレクタになっています。

図3-3-16　スタイルの編集

　図3-3-17の画像のように、何番目のを指定する部分（「nth-of-type(1)」など）を取り除いた要素セレクタに変更すると、「要素:1」から「要素:10」に変わります。また、変更したい要素や属性が複数ある場合は、画面上部のアプリバーにある「CSSの編集」にCSSのコードを記述する方法が効率的です。

図3-3-17　要素セレクタを書き換える

　外部CSSファイルのようにCSSを記述すれば、指定の要素にまとめてスタイルを設定できます。たくさんのデザイン変更を行うパターンを作成する場合は、変更したい要素にわかりやすいIDやクラスを付けておき、まとめてCSSで変更すると簡単で便利です。

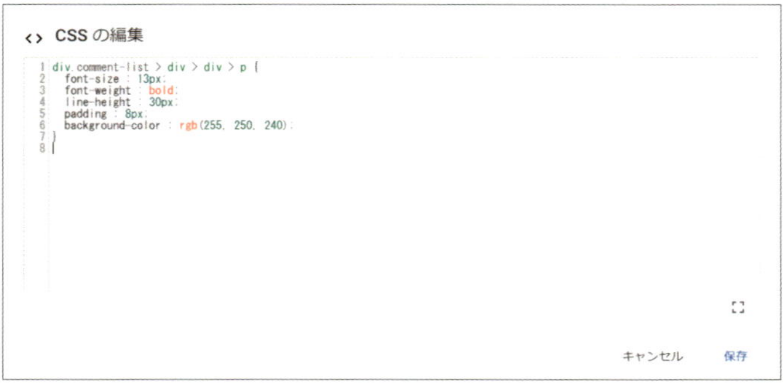

図3-3-18　CSSの編集

　スペルミスによってCSSに存在しない属性を記述してしまうといった間違いがあったとしても、エラーが表示されるだけで、そのままでは適用されません。エラーが起きている場合に表示される「クリーン」を選択すると自動的に不必要な部分を削除してくれますが、エラー内容によっては該当行が削除されてしまうので、手動で修正をしたほうがよいでしょう。

図3-3-19　CSSエラーの検出

## 3-3-7　HTMLを編集する

　CSSと同様に、HTMLについても要素の中身をまとめて変更できます。たとえば、リスト内の要素を追加や削除、順番の並び替えをして、まったく別のリストにすることができます。また、要素内の項目を変更するだけではなく、画像要素（<img>）から動画要素（<video>）に差し替えるといったように、要素ごと変えてしまうといったこともできます。

　編集したい要素を選択し、右クリックで表示されるメニューから「HTMLの編集」を選択すると、選択した要素のHTMLが表示されます。この画面で任意の変更を行い、右下の「適用」ボタンを押せば完了です。

図3-3-20
HTMLの編集

CSSの編集と同様に、タグの閉じ忘れなど、HTMLエラーが起きている場合は、そのままでは適用されません。エラーが起きている場合に表示される「HTMLを修正」も、CSSの編集と同様にエラー内容によっては行ごと削除されてしまうので、エラー部分を指摘している文字色（図3-3-21では赤）を参考に手動で修正したほうがよいでしょう。

図3-3-21　HTMLエラーの検出

## 3-3-8 HTMLを追加する

　HTMLは、編集だけでなく、追加することもできます。HTMLの追加は、選択した要素に対して「任意のHTMLを挿入」「要素内末尾に追記」「次より前」「後に挿入」といった設定が可能です。バナーを1つ追加するというような変更点が少ないHTMLの編集に使うとよいでしょう。

　HTMLを編集するのと同様に、要素を選択し右クリックで表示されるメニューから「HTMLを挿入」を選択し、挿入したいHTMLを入力します。適用後に変更リストから確認すると、どの要素に対して、どんなHTMLを挿入する変更をしているかが表示されます。

図3-3-22 HTMLの挿入

　HTMLの変更画面では、編集や追加方法を選択できます。HTMLを挿入したい位置に応じて、適切な要素の選択と、追加方法の選択を行います。

- 置換：選択した要素を入力した要素で置き換える
- 挿入：選択した要素内の先頭に、入力した要素を挿入する
- 要素内末尾に追記：選択した要素内の末尾に、入力した要素を挿入する
- 次より前：選択した要素内の前に、入力した要素を挿入する
- 後に挿入：選択した要素内の後に、入力した要素を挿入する

図3-3-23 挿入方法の違い

## 3-3-9 JavaScriptを使って動的に要素を変更する

JavaScriptを実行し、動的に表示を変更するというパターンも作成できます。たとえば、キャンペーンバナーの効果を見るテストをする場合、対象ページに共通のバナーを表示するだけではなく、URLやページの情報から動的にクリエイティブを設定するといったことができます。ウェブページ側で読み込んでいれば、jQueryを使った操作も可能です。

HTMLの編集などと同様に、要素を選択し、右クリックメニューの「JavaScriptを実行」から、実行するコードと実行タイミングを設定します。

図3-3-24　JavaScriptの実行

図3-3-24では、JavaScriptのswitch文を使って、ページURLに含まれるIDで条件分岐を行い、ページ群Aであればバナーの画像をAに、ページ群Bであればバナーの画像をBにといった設定をしています。

このように、JavaScriptの実行を使いこなすと、実際のページと同じような動的なパターンが作成できます。

## 3-3-10 PC向けページと スマートフォン向けページの編集

　昨今のウェブサイトでは、パソコンとスマートフォン、タブレットといった異なるデバイスに対して、最適な表示がされるようになっています。Googleオプティマイズを使ってパターンを作成する上で、対象サイトの仕様を理解しないまま設定してしまうと、正しいテストができなかったり、崩れたパターンのままテストを実行したりしてしまう可能性があります。

　PC向けページとスマートフォン向けページの制御方法、テストやパターンの設定について気をつけるべきポイントを紹介しておきましょう。

### レスポンシブウェブデザインの場合

　レスポンシブウェブデザインでは、異なるデバイスで表示しても同じHTML構造が使われるので、要素の削除や差し替えといった編集については特に気にせず設定できます。

　一方、要素のサイズ変更やフォントサイズ変更、余白などの数値的なスタイルに関する編集は注意が必要です。PC向けページでは問題なく表示されていても、スマートフォン向けページでは大きすぎてはみ出してしまうといったことが起こりやすいからです。値の大きさに注意したり、デバイスサイズの条件を設定するメディアクエリを利用したりして、適切な設定をしましょう。

図3-3-25　スタイルの編集

## UAで出し分けている場合

　ユーザーエージェント（UA）で出し分けている場合、PC向けページとスマートフォン向けページに対して同一のテストを実施することはおすすめできません。レスポンシブウェブデザインと違ってHTMLとCSSが別物になるので、PC向けページでは正常に動作する変更点が、スマートフォン向けページではうまく動かないということが発生します。

　GoogleオプティマイズではHTML構造をもとに変更する要素を指定しているため、HTML構造が異なると、変更する要素が見つからないといった状態になってしまいます。

　ターゲット設定の条件にデバイスカテゴリを指定して、デバイスごとにテストを実施しましょう。

# Column

## プレビューでチェックすべきポイント

　プレビューでのチェックには、「変更を加えた箇所が意図通りになっているか」と「どこかに悪影響は起こっていないか」という2つの視点があります。よくあるチェックポイントをまとめたので、ポイントごとに、この2つの視点で確認してみてください。

- [ ] エディタページ以外の対象ページに問題がないか
- [ ] 詳細ページ・記事ページの場合：在庫あり／なし、一般記事／PR記事、特別なカスタマイズがされたページなど
- [ ] リストページの場合：別カテゴリ、絞り込みなどのパラメータあり／なし、2ページ目以降、最後のページ、特別なカスタマイズがされたページなど
- [ ] 複数のデバイス（OSや解像度）で見たときに問題がないか
- [ ] ログイン／非ログインなど、ユーザーの状態によって問題がないか
- [ ] 対象外にしているページや環境に影響が起こっていないか
- [ ] ページ内の変更箇所以外の表示に悪影響が起こっていないか
- [ ] リンクの動作と遷移先に問題はないか
- [ ] ボタンやスライドショーなどの動的パーツの挙動に問題はないか
- [ ] 追加・変更したテキストに誤字や脱字はないか

　対象のサイトやテスト内容によって、チェックすべきポイントは変わってきます。変更内容がテキストの変更だけであれば、誤字や脱字と複数のデバイスでの表示チェックだけでも十分です。逆に、会員登録や商品の注文、フォームの送信といったウェブサイトにとって重要な部分を変更している場合、安全なテストを心がけるのであれば、登録や送信、注文が最後まで正常に完了するかをチェックすることをお勧めします。
　これらのポイントを参考に、自分に合ったチェックリストを作成してみてください。

# 3-4 作成したパターンをプレビューする

<mark>パターンが作成できたら、必ずプレビューを行います。</mark>

　ビジュアルエディタでは、エディタページに指定している1ページをもとに編集しますが、プレビューではターゲットになっているすべてのページで変更が確認できます。エディタページではうまくパターンが作成できているように見えても、ほかのページでは表示が崩れていたり、間違った情報が掲載されていたりといったことはよくあります。たとえば、ECサイトの「カートに入れる」ボタンについてのA/Bテストを考えてみましょう。正しくパターンが作成できていれば、「カートに入れる」ボタンだけに変更が適用されるはずですが、間違って設定してしまうと「在庫なし」の表示も「カートに入れる」ボタンに置き換わってしまうといったことが起きます。

　このようなことを避けるためにも、きちんとプレビューをして、事故のないA/Bテストを心がけましょう。

## 3-4-1 ウェブプレビュー、タブレット用プレビュー、モバイルプレビュー

　Googleオプティマイズのプレビューは、大きく分けて2つあります。

　1つはGoogleオプティマイズの設定をしているPC上で行うプレビューで、もう1つはプレビュー用URLを発行して共有し、ほかのデバイスで行うプレビューです。

　テストの詳細画面で、プレビューしたいパターンのデバイスのアイコンが描かれている「プレビューオプション」を選択します。「ウェブプレビュー」「タブレット用プレビュー」「モバイルプレビュー」を選択すると、新しいタブが開き、プレビューが開始されます。

　このとき、ユーザーエージェント(UA)は、「ウェブプレビュー」では操作をしているデバイスのまま、「タブレット用プレビュー」ではタブレットのUA(Nexus 7、Android 4.3、600x960px)を、「モバイルプレビュー」ではモバイルのUA(Android 5.0、360x640px)をエミュレートして、プレビューを行います。

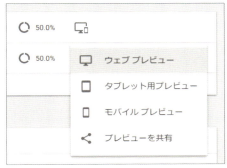

図3-4-1　パターンのプレビュー

図3-4-2　拡張機能からプレビューデバイスの切り替える

　各プレビューデバイスの切り替えは、Google Chromeのオプティマイズ拡張機能からも行えます。拡張機能のアイコンに色が付いた状態であれば、プレビューモード中です。ページ遷移をしてもプレビューモードのままです。
　ターゲット条件に合致するページが複数ある場合、==エディタページに指定したページだけではなく、ほかのページも確認しましょう==。さらに、表示が正しくされているかだけではなく、リンクをクリックして正しく遷移するか、ボタンやページ内のスクロールといった動きのある要素がきちんと動作するかなども必ず確認します。また、プレビューでは変更点ばかりに気がいってしまいますが、==変更していない部分に問題が起きていないかを確認することも重要==です。
　パターンの確認が終了したら、テストの詳細画面に戻り、「プレビューをオフにする」をクリックし、プレビューモードを終了します。テストの詳細画面の右上にある「プレビューをオフにする」や拡張機能からもプレビューを終了できます。

3-4　作成したパターンをプレビューする　127

図3-4-3　プレビューをオフにする

## 3-4-2　プレビューを共有する

　「プレビューを共有」機能は、ほかのデバイスでプレビューをするときに使用します。パターンの変更点にもよりますが、OSや解像度、Cookieといったウェブブラウザやデバイスに依存する変更点やページである場合、ログイン前後のようなユーザーに依存する変更点やページである場合などには、==必ず複数のデバイス、複数のユーザー（アカウント）で確認しましょう。==

　また、チームでパターンを作成しているのであれば、テスト担当者だけでなく、チームのメンバーにも、仕様通りのパターンになっているかを確認してもらいましょう。

　プレビューを共有するためには、「プレビューオプション」ボタンを押して表示されるメニューから、「プレビューを共有」を選択します。

図3-4-4　プレビューを共有

128　3　パターン作成の基本

プレビューを共有するためのURLが表示されますが、このURLは少し長いので、コピー時のミスに気をつけましょう。このウインドウでは、URLをダブルクリックすると、URLがすべて選択されるので、正確にコピーできます。

図3-4-5　共有するURLが表示される

　URLを開くと、ウェブブラウザがプレビューモードになります。「次のリンクからパターンをプレビューできます。」のリンクをクリックして、パターンのプレビューを開始します。

図3-4-6　プレビューを開始

　パターンの確認が終了したら、「プレビューをオフにする」をクリックすると、プレビューモードが終了します。

## 3-4-3 プレビューからテスト開始へ

　作成したパターンをプレビューモードで確認して、問題があれば再度ビジュアルエディタを使ってパターンを編集し直します。

　これを繰り返し、すべてのパターンの確認が完了したら、いよいよテストの開始です。

# Chapter 4
# テストの実施とレポートの作成

この章では、テストの開始から終了まで、そしてテストの評価について解説していきます。Googleオプティマイズで実施するA/Bテストの結果は、GoogleオプティマイズおよびGoogle アナリティクスの2つのツールからレポートを確認できます。その違いやレポートの数字の見方、テスト終了後のテストの評価やアクションの考え方を学びます。

**4-1** テストを開始する
**4-2** レポートを確認する
**4-3** テスト実行中の変更
**4-4** テストを終了する
**4-5** テストを評価し、アクションを決める

# 4-1 テストを開始する

## 4-1-1 テスト開始前の最終確認事項

　すべての準備が整ったらあとはテストを開始するだけですが、その前に最終確認を行います。Googleオプティマイズは、いったんテストを開始してしまうと変更できない項目が多いので、テスト前の最終確認は必ず行うようにしましょう。

---

**最終確認項目**
**1.テスト設定項目に誤りがないか？**
目標設定、ターゲット設定、テストパターン設定、スケジュール設定など、テスト要件通りに設定されているかを管理画面から確認します。

**2.テスト開始のスケジュールは予定通りで問題ないか？**
テストを実施するサイト内で、他ページのリリーススケジュールに変更がないか、テストを予定通り実施して問題がないか、クライアントや社内関係者などに確認しておくことも大切です。また、テスト開始のタイミングは、開始後の確認や万が一のトラブルに対応できる日時を選択し、体制を確保しておきます。

---

　すべて問題なければ関係者にテストを開始する旨を連絡し、テストを開始します。

## 4-1-2 テストを開始する

　Googleオプティマイズでテストを開始する方法は2つあります。

### ① 手動で開始する

　コンテナの右上の「テストを開始」ボタンを押します。ただちにテストが始まります。

図4-1-1　手動でテストを開始する

## 2 スケジュールで開始する

「スケジュールの作成」のリンクからテストのスケジュールを設定しておくと、設定した日時になると自動的にテストが開始されます。「テストを開始」ボタンを押すことで、予約が確定します。スケジュールを設定しても「テストを開始」ボタンを押しておかないと、設定した日時になってもテストが開始されないことに注意してください。

図4-1-2　スケジュールでテストを開始する

4-1　テストを開始する　133

## 4-1-3 テスト開始時の確認

### 1 プレビューを確認する

　テストが開始されたら、オリジナルおよびテストパターンが問題なく動作しているかをプレビューから確認します。ターゲット設定にスマートフォンやタブレットなどのデバイスを指定している場合は、Google Chromeのデベロッパーツールからデバイスを指定して確認できます。プレビュー画面で F12 を押して、左下のモバイルアイコンをクリックすると、画面上部でデバイスを選択できます。

図4-1-3　Google Chromeの開発者ツールからプレビューを確認する（スマートフォンの場合）

　なお、ターゲット設定に特定キャンペーンなど流入元の指定がある場合、あらかじめ該当のパラメータ付きURLを用意しておき、プレビュー画面にURLをペーストすることで確認できます。パラメータ付きURLは、Googleアナリティクス向けに用意された「Campaign URL Builder」で作成できます。

- Campaign URL Builder
  https://ga-dev-tools.appspot.com/campaign-url-builder/

- パラメータ付きURLの例

https://www.example.com/special/digital-marketing/index.html?<u>utm_source</u>=yahoo&<u>utm_medium</u>=display&<u>utm_campaign</u>=Contact_NC_D_Y_SP&<u>utm_term</u>=Contact_NC_01_1200_628&<u>utm_content</u>=Contact_NC_D_Y_SP_degital

| | |
|---|---|
| utm_source | トラフィックを誘導した参照元 |
| utm_medium | 広告などのマーケティングメディア |
| utm_campaign | キャンペーン名、プロモーションコードなど |
| utm_term | 有料検索向けキーワード |
| utm_content | コンテンツなどの補足情報 |

表4-1-1　パラメータ付きURLのパラメータ例

図4-1-4　パラメータ付きURLでプレビューを確認する（スマートフォンの場合）

## 2 アクティブユーザーを確認する

開始したテストを閲覧している「アクティブユーザー」は、管理画面（コンテナページとテスト詳細ページ）からリアルタイムで確認できます。「アクティブユーザー」列には、直近5分間に各パターンを閲覧したユーザー数が表示されます。==ユーザーは、セッションがタイムアウトする（操作がない状態で30分経過する）までアクティブ==と見なされます。

**図4-1-5　コンテナからアクティブユーザーを確認する**

**図4-1-6　レポート詳細画面からアクティブユーザーを確認する**

アクティブユーザーが表示されない場合は、テストが正しく動作していない可能性があります。テスト条件や設定ミスがないかなど、管理画面から再度確認してみましょう。

## 3 レポートの数字を確認する

Googleオプティマイズのレポート画面に正しくデータが反映されているかを確認します。レポートに反映されるのは、翌日以降です。

レポート画面の見方は、次のセクションで解説します。

# 4-2 レポートを確認する

## 4-2-1 レポートを見る方法

　Googleオプティマイズのテスト結果は、Googleオプティマイズの管理画面とGoogleアナリティクスのどちらからでも確認できます。ただし、次の点などで、Googleオプティマイズのレポート結果とGoogleアナリティクスのレポート結果が異なる場合があるので、注意が必要です。

・コンバージョン率
　Googleアナリティクスはコンバージョン実数に基づくコンバージョン率ですが、Googleオプティマイズはモデル化されたコンバージョン率が表示されます。

・レポート反映タイミング（データ処理速度の違い）
　Googleアナリティクスには、Googleオプティマイズよりも結果が早く反映されます。

・セッション数
　GoogleアナリティクスとGoogleオプティマイズでデータ処理速度が異なるため、セッション数に違いが生じることがあります。また、テスト終了直前に生じたセッションは、Googleアナリティクスには反映されますが、Googleオプティマイズには反映されません。

　さらに詳細を確認したい場合は、Googleオプティマイズの公式ヘルプページを参照してください。

- Google オプティマイズ　ヘルプ
  https://support.google.com/optimize/answer/6323229?hl=ja&ref_topic=6197702#

## 4-2-2 Googleオプティマイズでレポートを見る

　Googleオプティマイズのレポートは、管理画面のレポートから確認できます。レポート画面は、「概要」「改善率の概要」「目標の詳細」という3つのカードで構成されています。それぞれについて説明していきましょう。

### 概要

　レポート画面の一番上に表示されています。テストのステータス、開始・終了日、ウェブテストセッション数（合計と日別）が表示されます。テストのステータスは、テスト状況によってメッセージが変わります。

図4-2-1　概要カード①：データ収集中

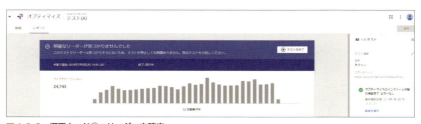

図4-2-2　概要カード②：リーダー未確定

図4-2-3　概要カード③リーダー確定の場合

138　**4**　テストの実施とレポートの作成

## 改善率の概要

　オリジナルパターンとテスト用パターンのパフォーマンスが、目標に対する改善率で表示されます。表の一番上の行の目標名をクリックすると、その目標名に対して降順・昇順で並べ替えができます。表示する必要がない目標は、右側の「×」をクリックすれば削除できます。右上に「目標を追加」ボタンがありますが、これを押して表示される目標は、テスト作成時に設定しておく必要があります。

図4-2-4　改善率の概要カード

## 目標の詳細

　目標に対するテスト用パターンのパフォーマンスが表示されます。上部のデータ表、下部のコンバージョン率の推移を表すグラフの2つで構成されています。デフォルトではテスト目標（主目標）が表示されていますが、左上の目標表示（図4-2-5の囲み部分）を選択すると、目標を選択できます。

図4-2-5　目標の詳細カード

データ表の項目は、次の5つです。

- 改善度
選択した目標について、オリジナルとテストパターンにおけるコンバージョン率（目標を達成した割合）の差
- 最適である確率
表示されているテストパターンのパフォーマンスが、ほかのすべてのパターンよりも高くなる確率。最善のパターンは1つなので、この列の割合を合計すると100%になる
- ベースラインを上回る確率
選択したパターンのコンバージョン率が、オリジナルパターンのコンバージョン率を上回る確率。テストパターンがオリジナルパターンともう1つしかない場合、そのパターンの「ベースラインを上回る確率」は50%が初期値となる
- コンバージョン率
「（コンバージョンページへの訪問数）÷（オリジナルページへの訪問数）」で算出される。パターンごとに「中央値95%（リーダーと特定される確率）」「中央値50%（可能性が半々）」のグラフが表示され、中央値が○で示される
- コンバージョン数
コンバージョンしたセッション数

「コンバージョン率の推移」に表示されるグラフには、テスト用パターンのパフォーマンスが時系列で表示されます。グラフの色付きの部分は、オリジナルパターンとテスト用パターンのパフォーマンスが95%の確率に当てはまる範囲を示しています。各パターンの中央に表示される線は、パターンの主な傾向を表しています。

## 4-2-3 Googleアナリティクスでレポートを見る

　Googleアナリティクスのレポート画面は、Googleオプティマイズのコンテナに表示される「Google アナリティクスでレポートを表示」をクリックすると、別ウインドウで表示されます。

図4-2-6　Googleオプティマイズからウェブテストを表示する

あるいは、Googleアナリティクスにログインし、レポート画面から「行動」→「ウェブテスト」と進んで参照することもできます。

図4-2-7　Googleアナリティクスからウェブテストを表示する

この場合、過去に実施したテストを含めたテスト一覧が表示されるので、該当するテストを選択します。

レポート画面は「グラフ」「概要」「データ表」の3つで構成されています。各画面の詳細を説明しておきましょう。

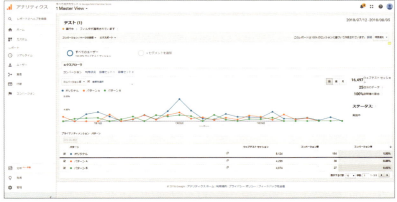

図4-2-8　Googleアナリティクス：ウェブテスト　コンバージョン（メイン）画面

## グラフ

　オリジナルと各テストパターンの「ウェブテストセッション」「コンバージョン率」「コンバージョン数」の指標を表示できます。グラフエリア左上の「指標を選択」から指標を選択すると、複数の指標を表示させることも可能です。なお、グラフエリアの右側のボタン「日」「週」「月」をクリックすると、グラフ軸の単位を変更できます。

## 概要

　ウェブテストの「セッション数」「テスト日数」「訪問者の割合」「ステータス」が表示されます。訪問者の割合とは、オリジナルを含むいずれかのテストページを表示したユーザーの割合を表しています。

## データ表

　「パターン名」「セッション数」「コンバージョン数」「コンバージョン率（コンバージョン数÷セッション数）」のデータが表示されます。この画面のコンバージョン数・コンバージョン率は、Googleオプティマイズで設定しているテスト目標のみのデータです。副目標のデータを確認したい場合は、各目標セットの画面から確認する必要があります。見出しをクリックすると、降順・昇順で並べ替えることができます。

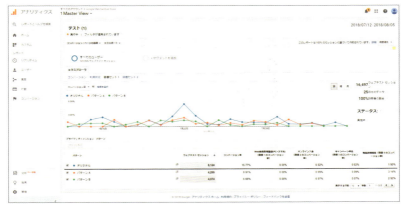

図4-2-9　Googleアナリティスの目標画面

## Googleアナリティクスでテスト結果を見るメリット

　Googleオプティマイズから確認できるテスト結果を、なぜGoogleアナリティクスで見る必要があるのでしょうか。実は、Googleアナリティクスでしかできないことがあるからです。Googleアナリティクスを使用する具体的なメリットは、次の3つです。

1. Googleオプティマイズにはない指標を確認できる
2. セグメント機能を使用し、自分の知りたい切り口で分析できる
3. Googleオプティマイズで設定していない目標に悪影響がないかを確認できる

### 1. Googleオプティマイズにはない指標を確認できる
　Googleアナリティクスでは、1訪問当たりのページビュー数、平均セッション時間や新規セッション率、直帰率などの指標を確認できます。

図4-2-10　Googleアナリティクスの利用状況画面

## 2. セグメント機能を使用し、自分の知りたい切り口で分析できる

　Googleアナリティクスのセグメント機能を活用すれば、自分の知りたい切り口で分析できます。たとえば、流入チャネルやデバイスごとの比較など、条件によってデータがどう変わるのかを確認することで、テスト結果を深堀りして考察できます。画面上部の「セグメントを追加」を押して、既存のセグメントを選択するか新しいセグメントを作成して適用します。

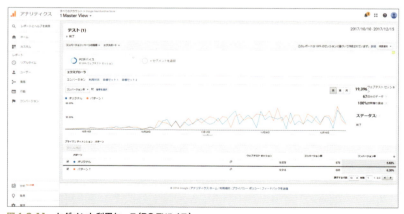

図4-2-11　セグメント利用ケース（PCデバイス）

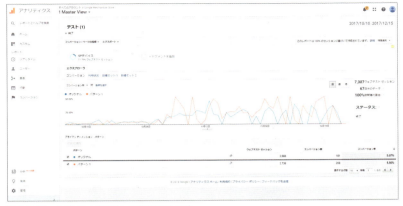

図4-2-12　セグメント利用ケース（SPデバイス）

　同一のサイトに対して、図4-2-10では「PCデバイス」で、図4-2-11では「SPデバイス」で閲覧した状況を比較しています。

### 3. Googleオプティマイズで設定していない目標に悪影響がないかを確認できる

　Googleオプティマイズで確認できるのは実施しているテスト結果のみですが、Googleアナリティクスではサイト全体の指標を確認できます。そのため、今回のテストを実施したことで、サイトに設定しているほかの目標で下がってしまった項目がないかといったネガティブチェックに活用できます。

# Column

## Googleオプティマイズの測定・分析手法

　Googleオプティマイズでは、ほかのテストツールとは異なる「ベイズ推定」を使用して結果を測定しています。ベイズ推定は、既存のデータを使って、今後のデータがどうなるかをより正確に推測する高度な統計分析の手法です。ベイズ推定を用いる最大のメリットは、テストごとに異なる最適なモデルを使用できることです。蓄積されるデータを使って「モデル」の精度を高めれば、より正確な結果を得ることができます。たとえば、次のようなモデルが使用されています。

・階層モデル
　時間の経過に左右されずにパターンのコンバージョン率を一貫性を持ってモデル化できます。時間とともに薄れてしまう「新しさ」の影響が大きいテストの場合は、階層モデルを使うことによって効果的にその影響を相殺することが可能で、特定のパターンが将来的にどのようなパフォーマンスを発揮するかを正確に表すことができます。

・コンテキストモデル
　テストやユーザーの状況に関する情報を取り込めます。新規ユーザーの行動パターンがリピーターと異なる場合は、その情報を考慮して全体的な結果を評価し、より正確な最終結果を得ることができます。

・持続的変化モデル
　すべてのパターンに影響する全体的なパフォーマンスの傾向を排除し、各パターンの変化の影響を個別に明らかにします。週末のコンバージョン率が平日のコンバージョン率と大きく異なる場合は、その影響を均等化することで相違を明確化できます。

　より複雑なモデルを使えるベイズ推定を使用することで、テスト結果に影響を与えるすべての要素をより正確にモデル化できるようになります。それによって、次のような効果が期待できます。

- 特定のパターンでどの程度のパフォーマンスを見込めるか、より正確な情報を提供できる
- トラフィックの少ないテストであっても、多くの場合で結果を早期に提示できる

- 多変量テストを迅速に実施し、包括的に分析できる

　Googleオプティマイズの測定・分析手法についてより詳しく知るには、次のページを参照してください。

・一般的な方法論 - Optimize ヘルプ
　https://support.google.com/optimize/answer/7405543?hl=ja&authuser=1&ref_topic=7404525

# 4-3 テスト実行中の変更

## 4-3-1 テスト実行中の変更について

　Googleオプティマイズでは、テストを開始したあとでも変更できる項目は、次の2点のみです。

1.ターゲットにするユーザーの割合
　テストを実施する訪問ユーザーの割合は、テスト実施中も変更可能です。「ターゲットにするユーザーの割合」に表示されている比率を編集します。割合を高くするほどデータが早く蓄積されていきますが、大幅な変更やリスクを伴うテストの場合は慎重に判断すべきです。

2.各パターンのターゲットにするユーザーの比重
　オリジナルと各パターンが表示される割合は、テスト実施中も変更が可能です。それには、「各パターンのターゲットにするユーザーの比重」のバーの横にある「編集」ボタンを押します。「カスタムな割合」を選択すると、小数点第1位までの割合で分配率が入力できます。ただし、各パターンの比重の合計を100%にしなければなりません。テスト開始当初は均等配信だった場合でも、テストが進んで勝ちパターンが見えてきたら、分配率を変更することでテスト結果がより早く得られる可能性があります。

図4-3-1　パターンのユーザー比重を編集する

　これらの項目を変更した場合、右上の「保存」ボタンを押すことを忘れないようにしましょう。

図4-3-2　編集を保存する

# Column

## 2項目以外の設定を変更したい場合

　これらの2項目以外の設定を変更するには、実施しているテストを停止し、新しいテストを作成して改めて実施することになります。手動でテストを止めてしまうと同じテストを再開できないため、スケジュールに遅れが生じます。したがって本当にテスト要件を変更する必要があるのか、そのためにテストの実施スケジュールが変更になっても問題ないかなど、クライアントや社内の関係者とよく確認してから実施しましょう。

　実行中のテストを停止し、新しいテストを作成する手順は、次の通りです。終了したテストのコピーは簡単に作成できるので、再テストの作成にはそれほど時間はかかりません。

- 管理画面より実施中のテストを手動で停止する
- コンテナから終了したテストをコピーして新しいテストを作成する
- 管理画面から必要なテスト条件を設定、確認する
- テストを開始する

コンテナから終了したテストをコピーして新しいテストを作成する

# テストを終了する

## 4-4-1 テストを終了する

　Googleオプティマイズのテストの終了するには、次の3つの方法があります。いずれのやり方でも、一度テストを終了したら同じテストを再開できないことに注意してください。

①テストを手動で停止する
　「管理画面」からテストを手動で停止させます。

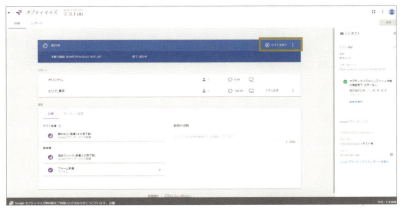

図4-4-1　テストを手動で終了する

② スケジュールで終了する
　あらかじめスケジュールで終了日時を設定している場合は、設定している日時で自動的に終了します。

③テスト開始から90日経過する
　Googleオプティマイズのテスト期間は最長90日間までです。したがって、91日以上になると自動的にテストが終了します。

なお、Googleオプティマイズでは2週間以上のテスト期間を推奨しているので、2週間以上のテスト期間を想定しておきましょう。スケジュールの都合で2週間未満しかテストができない場合でも、曜日によるトレンドを考慮して最低でも8日以上が経過し、一定の「ウェブテストセッション数」があることを確認してから、テストを終了するようにしてください。

テストが終了しても、結果はコンテナのテスト一覧から確認できます。

図4-4-2　終了したテスト一覧（コンテナ）

## 4-4-2 テスト結果の保存と管理

テストの実施数が増えてくると、実施中のテストや終了したテストを一覧できるテスト管理表を作成しておくと便利です。

たとえば、ExcelやGoogleスプレッドシートを使って、「コンテナ名」「テスト種別」「テスト名」「開始日」「終了日」「テスト状況」「URL」などを一覧できるようにしておきます。項目によっては、状態に応じて色を変えたりすると、より見やすくなります。

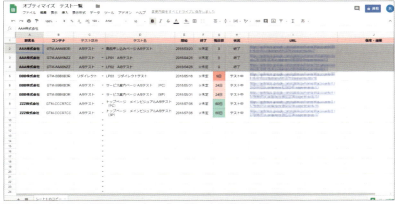

図4-4-3　A/Bテスト管理表（Googleスプレッドシートを利用した例）

また、テストデータを保存しておきたい場合は、Googleアナリティクスからデータをダウンロードしておきます。メニューバーの「エクスポート」タブから「PDF」を選択して、ダウンロードします。

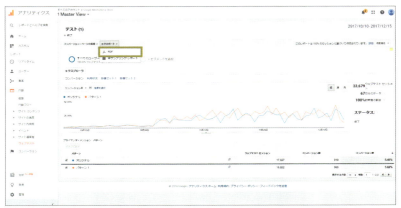

図4-4-4　データをエクスポートする

4-4　テストを終了する　153

# テストを評価し、アクションを決める

## 4-5-1 A/Bテストの評価とは

そもそも、A/Bテストの評価とは何でしょうか？

テストが終了した段階で、測定した結果の数字は出ています。しかし、そのままでは、単なる数字に過ぎません。また、ツール上は優劣がつかない場合や、主目標のみでは結果の判断がつかない場合もあります。したがって、==A/Bテストを評価するには、目標以外のデータも含めた総合的な分析が必要==となるわけです。

① 目標設定から評価する → ② 分析軸・指標を加えて多角的に評価する → ③ ①②を踏まえて総合的にテストを評価する → ④ 次のアクションの決定・実行

図4-5-1　A/Bテストを踏まえた次のアクションには総合的な分析が必要

## 4-5-2 目標設定から評価する

テストが終了したら、テストの評価と分析を行います。

まずは、目標に対しての結果を評価します。Googleオプティマイズのレポート画面から主な指標を確認しましょう。確認すべき指標は、次の2つです。

- コンバージョン指標（コンバージョン数・コンバージョン率）
- 改善指標（改善度・最適である確率・ベースラインを上回る確率）

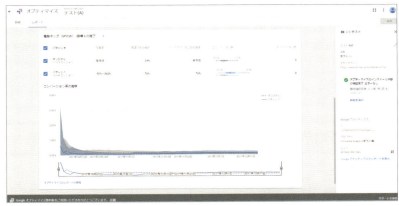

図4-5-2　レポートで結果を確認

## 主目標・副目標の結果を評価する

　テスト結果は主目標のデータで判断されており、副目標はGoogleオプティマイズにおける「リーダー」を特定することには影響を与えません。とはいえ、Googleオプティマイズでは「最適である確率」が95％以上にならないとリーダーと判定しないため、管理画面上でリーダーが特定されるテストのほうが少ないのです。したがって、コンバージョン指標と改善指標から、勝ちパターンと負けパターンを評価し、判断する必要があります。テストセッション数が十分であることが前提ですが、最適である確率が80％を上回っていれば、勝ちパターンと特定して問題ないでしょう。

　なお、主目標で勝ちパターンを判断できない場合には、副目標のデータを活用します。たとえば、主目標を「オンライン申し込み完了」として設定していて決着しなかった場合、副目標に「フォーム画面への遷移数」や「ランディングページでのスクロール率」などを設定していれば、「ユーザーがコンバージョンに近づいていたパターン」を発見できます。表4-5-1のような結果を例に考えてみましょう。

|  | 主目標：お申し込み完了 || 副目標：フォーム入力画面到達 || 副目標：ボタンクリック ||
| --- | --- | --- | --- | --- | --- | --- |
|  | 最適である確率 | コンバージョン率 | 最適である確率 | コンバージョン率 | 最適である確率 | コンバージョン率 |
| オリジナル | 30% | 0.13% | 20% | 1.00% | 5% | 3.00% |
| パターンA | 33% | 0.14% | 30% | 1.20% | 30% | 3.50% |
| パターンB | 37% | 0.16% | 50% | 1.50% | 65% | 5.00% |

表4-5-1　主目標、副目標を設定した結果

主目標の「お申し込み完了」では、コンバージョン率の差が小さいため、勝ち負けを判断できません。しかし、副目標の「フォーム入力画面到達」「ボタンクリック」では、「最適である確率」「コンバージョン率」のいずれもがBパターンのほうが高いため、総合的にBパターンが最適と判断できます。ただし、よりコンバージョンを最適化するためには、Bパターンのブラッシュアップが必要だと考えられます。

## 4-5-3 分析軸・指標を加えて多角的に評価する

Googleオプティマイズのレポートは、コンバージョン指標と改善指標に特化しています。そこで、さらに分析の切り口を増やすことによって、より深い考察が可能になります。たとえば、表4-5-2のような分析軸を加えることが考えられます。

| 流入元 | 主な項目 |
| --- | --- |
| デバイス | PC／タブレット／スマートフォン |
| 流入元 | 自然検索／広告（リスティング・ディスプレイ）／他サイト経由／ソーシャルメディア／電子メール |
| 新規・再訪 | 新規訪問／再訪問 |
| ユーザー属性 | 地域／年齢／性別 |

表4-5-2 分析軸

これらの切り口で評価するには、Googleアナリティクスのレポート画面の「セグメント機能」を活用します。同じテストでも、分析軸によって異なる傾向が現れる場合もあります。

図4-5-3　セグメントの設定画面

　デフォルトで用意されているセグメント以外に、「詳細」→「条件」、「詳細」→「シーケンス」から自分で条件を指定して作成することも可能です。さらに、Googleアナリティクスのレポート画面では、セグメントごとの行動指標（ページ/セッション、平均セッション時間、新規セッション率、直帰率）も見ることができます。コンバージョン指標では大きな差が見られなかった場合でも、行動指標と組み合わせることでユーザーの行動を推測できます。

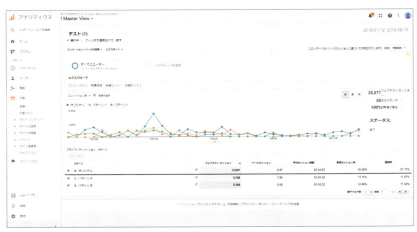

図4-5-4　ウェブテストの利用状況画面

　いくつかのテストケースで具体的に説明していきましょう。

## 1 テストケース1：デバイス

キャンペーン申し込みのA/Bテスト結果は、次のようなデータでした。

■テスト全体

| | セッション数 | コンバージョン数 | コンバージョン率 | ページ/セッション | 平均セッション時間 | 直帰率 |
|---|---|---|---|---|---|---|
| オリジナル | 2,000 | 48 | 2.40% | 1.65 | 1:35 | 66% |
| パターンA | 2,000 | 80 | 4.00% | 2.05 | 1:52 | 58% |
| パターンB | 2,000 | 74 | 3.70% | 1.75 | 1:35 | 56% |

■セグメント：PC

| | セッション数 | コンバージョン数 | コンバージョン率 | ページ/セッション | 平均セッション時間 | 直帰率 |
|---|---|---|---|---|---|---|
| オリジナル | 800 | 24 | 3.00% | 2.00 | 2:00 | 60% |
| パターンA | 800 | 44 | 5.50% | 3.00 | 2:40 | 40% |
| パターンB | 800 | 32 | 4.00% | 2.50 | 2:20 | 50% |

■セグメント：スマートフォン

| | セッション数 | コンバージョン数 | コンバージョン率 | ページ/セッション | 平均セッション時間 | 直帰率 |
|---|---|---|---|---|---|---|
| オリジナル | 1,200 | 24 | 2.00% | 1.30 | 1:10 | 70% |
| パターンA | 1,200 | 36 | 3.30% | 1.10 | 1:05 | 70% |
| パターンB | 1,200 | 42 | 3.50% | 1.00 | 0:50 | 60% |

表4-5-3　テストケース1の結果

　テスト全体では、パターンAのコンバージョン率が高くなっています。しかし、デバイスでセグメントをすると、パターンAはPCではほかのパターンよりもコンバージョン率が高いものの、スマートフォンではパターンBがのほうが高いコンバージョン率になっています。これらのことから、次のような考察が得られます。

- PCではパターンAがコンバージョン率がもっとも高く、1セッションあたりのPVも多く、直帰率も低い
    - ➡ PCでサイト内を回遊し、じっくり比較検討するユーザーに情報が伝わりやすく、キャンペーン申し込みにつながっている
- スマートフォンではパターンBのコンバージョン率が高い。ただし、1人当たりのページビュー数や滞在時間はほかのパターンより低い
    - ➡ スマートフォンでは、すでにキャンペーンを知っているユーザーが申し込み目的でサイトを訪問して申し込みを行っている

　つまり、パターンAはスマートフォンでは申し込みボタンがわかりずらい可能性があり、スマートフォン用はパターンBを参考に再検討すればよいことがわかります。

## 2 テストケース2：流入元

ウェブ会員登録のA/Bテストを流入元を分けて実施しました。次のように、結果は自然（オーガニック）検索と広告経由で最適なパターンが分かれました。

■セグメント：自然検索

| | セッション数 | コンバージョン数 | コンバージョン率 | ページ/セッション | 平均セッション時間 | 直帰率 |
|---|---|---|---|---|---|---|
| オリジナル | 800 | 24 | 3.00% | 3.00 | 3:00 | 40% |
| パターンA | 800 | 32 | 4.00% | 3.50 | 3:00 | 38% |
| パターンB | 800 | 44 | 5.50% | 4.00 | 3:15 | 30% |

■セグメント：広告（リスティング広告）

| | セッション数 | コンバージョン数 | コンバージョン率 | ページ/セッション | 平均セッション時間 | 直帰率 |
|---|---|---|---|---|---|---|
| オリジナル | 1,500 | 15 | 1.00% | 0.60 | 1:10 | 90% |
| パターンA | 1,500 | 30 | 2.00% | 0.90 | 1:05 | 82% |
| パターンB | 1,500 | 23 | 1.50% | 0.80 | 0:50 | 88% |

表4-5-4　テストケース2の結果

この結果から、次のようなことが考えられます。

- 自然（オーガニック）検索からの流入ユーザーは、パターンBがコンバージョン率がもっとも高く、1セッションあたりのPVも多く、直帰率も低い
  → すでに自社を知っているユーザーが検索エンジンから流入し、時間をかけて各コンテンツを閲覧して検討しているため、会員になるメリットなどが伝わりやすく、会員獲得につながっている
- リスティング広告経由のユーザーは、パターンAのコンバージョン率が高い。1セッションあたりのページビュー数やセッション時間には大きな差はないが、直帰率は低い
  → リスティング広告でクリックされているキーワードや広告文と、パターンAがマッチしている。広告で獲得した新規ユーザーにサービスがわかりやすく、会員獲得につながっている

したがって、自然検索から訪問するユーザー向けのランディングページと、リスティング広告を経由したユーザー向けのランディングページは分けて考えるべきであることがわかります。

## 3 ケース３：新規訪問・再訪問別

商品購入のA/Bテスト結果は、次のようなデータでした。

■テスト全体

|  | セッション数 | コンバージョン数 | コンバージョン率 | ページ/セッション | 平均セッション時間 | 直帰率 |
|---|---|---|---|---|---|---|
| オリジナル | 2,500 | 34 | 1.34% | 1.60 | 1:20 | 84% |
| パターンA | 2,500 | 46 | 1.84% | 2.10 | 1;47 | 84% |
| パターンB | 2,500 | 40 | 1.58% | 2.00 | 1:45 | 83% |

■セグメント：新規訪問

|  | セッション数 | コンバージョン数 | コンバージョン率 | ページ/セッション | 平均セッション時間 | 直帰率 |
|---|---|---|---|---|---|---|
| オリジナル | 1,500 | 14 | 0.90% | 1.10 | 0:50 | 90% |
| パターンA | 1,500 | 18 | 1.20% | 1.20 | 1:05 | 88% |
| パターンB | 1,500 | 17 | 1.10% | 1.50 | 1:30 | 85% |

■セグメント：再訪問

|  | セッション数 | コンバージョン数 | コンバージョン率 | ページ/セッション | 平均セッション時間 | 直帰率 |
|---|---|---|---|---|---|---|
| オリジナル | 1,000 | 20 | 2.00% | 2.00 | 1:50 | 75% |
| パターンA | 1,000 | 28 | 2.80% | 3.00 | 2;30 | 78% |
| パターンB | 1,000 | 23 | 2.30% | 2.50 | 2.00 | 80% |

表4-5-5　テストケース３の結果

コンバージョン率はパターンAが高いものの、新規訪問ユーザーの行動指標ではパターンBのほうがよい結果になっています。これは、次のようなことが考えられます。

- 新規訪問ユーザーのコンバージョン率はパターンAがもっとも高いが、各指標でほかのパターンと比べて差が少ない。サイト内行動指標ではパターンBがほかのパターンに比べてよい
  - ➡ 新規訪問ユーザーは購入前に会員登録の必要があるため、商品購入へのハードルが高かった。ただし、ほかの商品や会員サービスなど、サイト内の回遊を促進したのはパターンBだった
- 再訪問ユーザーは、コンバージョン率、サイト内行動指標（ページ/セッション、平均セッション数、直帰率）ともにパターンAがよい
  - ➡ 再訪問ユーザーは会員登録率が高く、会員ユーザーにはパターンAの「コピー」「デザイン」が購入を促進した

つまり、勝ちパターンはAではあるものの、新規訪問ユーザーはそもそも商品の購入に至る確率が低いことがわかります。そのため、新規訪問ユーザーと再訪問ユーザーでランディングページを分け、新規訪問ユーザーには会員登録への誘導を考慮したパターンを再度検討します。

### 4 その他

ここまでで挙げた以外でも、さまざまな分析軸が考えられます。また、デジタル以外の施策も影響を受けることがあるため、その時期に実施していた施策を考慮して、分析軸を追加して検証するとよいでしょう。たとえば、次のようなことが考えられます。

- テレビCMを放映していた場合は、CM放映地域とそれ以外の地域で傾向に差がないかを分析する
- ターゲティング別に複数のクリエイティブを作成していた場合、性別・年齢層別に分析する

また、Googleタグマネージャでスクロール率を設定していると、ページ内でのユーザーの行動を把握できます。特に、コンバージョンに影響力があるランディングページで、ページのどこまで見られているかがわかることはページ改修のヒントとなるので、事前に設定しておきましょう。

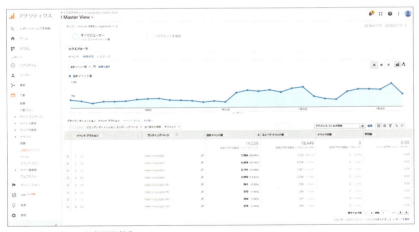

図4-5-5　スクロール率計測（例）

どこまでスクロールしたかということだけでなく、ユーザーがページのどの部分に興味を持っているか、どの部分がクリックされているかなどを知りたい場合は、ヒートマップを活用するとよいでしょう。たとえば、「Ptengine」(https://www.ptengine.jp/)は無料で使えるヒートマップツールです。使用するには、Googleタグマネージャに解析用のタグを設定します。

図4-5-6　Ptengine　クリックヒートマップ(サンプル)

　それ以外にも、「User Heat」(https://userheat.com/)、「ミエルカヒートマップ」(https://mieru-ca.com/heatmap/)など、無料でも使えるヒートマップツールはあるので、用途や特性に合わせて調べてみるとよいでしょう。どのツールでも、多くのユーザーがクリックしたところがわかる「クリックヒートマップ」や、長く滞在したところがわかる「アテンションヒートマップ」などを利用できます。ただし、ヒートマップはパターンごとに分けることができないので、ウェブテストでヒートマップ分析を行いたい場合は、リダイレクトテストを活用するとよいでしょう。

## 4-5-4 総合的に評価し、結果をまとめる

目標への評価と多角的な分析ができたら、データから総合的な評価を行い、結果をまとめます。テストにもよりますが、テスト準備からテスト終了まで、数週間～数カ月を要することが多く、実際にテストを実施した担当者以外は全体像がわからなくなっていることもよくあります。テストの概要と結果をまとめることは、サイトの改善にはもちろん、次のテスト実施時の参考資料にもなります。

報告資料に必要な主要項目は、次の表の通りです。

| 章立て | 掲載項目 |
| --- | --- |
| ①テスト概要 | ・テストツール<br>・テスト期間<br>・テスト条件（対象ページ／セグメント／デザインパターン）<br>・テスト目標 |
| ②レポートサマリー | ・テスト結果まとめ<br>・総合分析まとめ |
| ③テスト結果 | ・主目標<br>・副目標 |
| ④総合分析 | ・セグメント別分析<br>・テスト以外のデータとの比較 |
| ⑤総括 | ・総合分析<br>・考察と次のアクションへの示唆 |

表4-5-6　報告資料に必要な項目

図4-5-7　レポートの全体イメージ（例）

## 1 テスト概要

　テスト設計時に決めた概要を掲載します。テストを行ったツール（本書の場合なら、Googleオプティマイズ）、テストの実施期間、テスト条件、テスト目標などです。デザインパターンも掲載します。

## 2 レポートサマリー

　このレポートの結論、要点をまとめて掲載します。テスト結果（目標設定した指標に対するデータ）と総合分析（セグメント別などのほかの指標も加えた分析）は、項目を分けて記載すると、結果と考察が混同されなくなるため、わかりやすくなります。

## 3 テスト結果

　主目標と副目標、それぞれのコンバージョン指標と改善指標、データからわかる結論を掲載します。コンバージョン指標だけでは勝敗がついていない場合は、行動指標を追加してもよいでしょう。

## 4 総合分析

　セグメント別データや、サイト内のデータを加えた総合分析を記載します。テスト結果を補足できるデータを提示できるとよいでしょう。なお、テスト結果でGoogleオプティマイズのデータを使用した場合、ここに掲載するデータとコンバージョン数やコンバージョン率に差が出ることがあるので、注記しておきます。

## 5 総括

　「③テスト結果」「④総合分析」を考察し、次のアクションを検討します。次のアクションの考え方については、次項目で詳しく説明します。

## 4-5-5　次のアクションの決定・実行

テストの評価・分析が終わったら、次の施策を検討・決定し、実行します。テスト後の次のアクションは、大きく「勝ちパターンを実装する」「条件を変更して再テストする」「テスト自体を終了（別の施策の検討）」という3パターンに分類できます。==テストはウェブサイトのPDCAサイクルを回すための1つの手段==に過ぎません。テストを受けて次に施策を実施することが重要なのです。

図4-5-8　次のアクションを決定するフロー

### 1 勝ちパターンを実装する

テストによってオリジナル以外が勝ちパターンとなった場合、ウェブサイトに反映します。ウェブサイトに反映後、公開前のパターンよりも成果が上がっているかという経過は、必ず観察します。特に、サイトのトップページなど、アクセス数が多いページを変更した場合は重要です。公開後に想定した成果が出ていないようであれば、テスト実施時と公開後に変化している要因を分析し、次の施策を検討する必要があります。

### 2 条件を変更して再テストする

実施したテストで勝ちパターンが特定できなかった場合、再度テストを実施するか、またはテストを終了するかを検討します。テスト結果は明確にならなかったものの改善の余地が見いだせたなら、改めてテストを実施することをお勧めします。その場合、今回のテストで結果がでなかった要因を分析し、修正する必要があります。考えられる要因には、次のようなものが挙げられます。

- セッション数の不足
  テスト期間が短い、あるいはテスト条件を絞り過ぎたなどの理由でセッション数が不足していた場合、条件を見直す
- 目標設定の課題
  テストの目標設定のハードルが高い（たとえば「会員登録」「お問い合わせ」「商品購入」など）、最終目標だけでは結果がでないことがある。副目標として中間指標を設定し、主目標で明確な結果が出ない場合でも総合的な判断ができるようにする。副目標としてよく使われる指標は、「ボタンクリック」「次ページ遷移」「ページスクロール率」など
- クリエイティブの課題
  クリエイティブの差異があまりにも軽微な場合、コンバージョンへの影響が小さく結果が出ないことがある。たとえば、「メインコピーの一部だけを変更した」「ボタンの色だけを変更した」といった場合。コンバージョンの差異があまりにも小さいときには、テストパターンを再考する

### 3 テストを終了する

テストでオリジナルの結果がよく、ほかにテストすべきパターンがない場合や、テストを継続しても改善の余地が小さい場合は、テストを終了します。ほかの課題のテスト実施など、新しい施策を検討してもよいでしょう。

# Chapter 5
# 効果的なクリエイティブの作成

効果的なウェブテストを行うためには、プロジェクトが執るべきウェブマーケティングの全体像を押さえておくことが重要です。ユーザーがウェブサイトを訪れてコンテンツに触れてから、どのように反応し、どのように行動し、その成果としてコンバージョンに至るのかどうかは、サイトを構成する「クリエイティブ」が担うべき役割です。この章では、ウェブマーケティングに基づいたクリエイティブの作成のための基礎知識と、その作成方法を解説します。

5-1 ウェブマーケティングにおけるPDCA
5-2 ファーストビュー
5-3 ライティング
5-4 ランディングページ
5-5 テストパターンのクリエイティブの作成

# 5-1 ウェブマーケティングにおけるPDCA

## 5-1-1 成果を最大化するために高速回転のPDCAを回す

　ビジネス用語に「PDCA」という考え方があります。もともとは、業務遂行において、生産管理や品質管理などの管理業務を円滑に進める手法の1つとして使われはじめた概念です。「Plan（計画）」「Do（実行）」「Check（評価）」「Action（改善）」の頭文字をとったものです。これを繰り返して継続的に改善していくことから「PDCAサイクル」と呼ぶこともあります。

図5-1-1　PDCAサイクル

　ウェブマーケティングにおいてもPDCAの考え方は非常に有効で、成果の最大化を目指すための基本施策ともいえます。ウェブマーケティングでは、「Plan（ウェブ設計）」「Do（制作・集客施策）」「Check（アクセス解析）」「Action（調整・リニューアル）」を1サイクルとして運用していきます。ウェブマーケティングでは、同じ階層レベルをグルグルと「堂々巡り」させるのではなく、らせん階段を巻きあがるように、成果を向上させていくことが大切です。

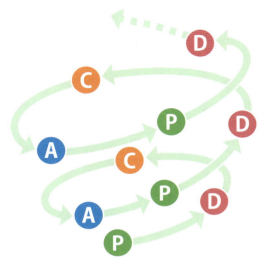

図 5-1-2　ウェブマーケティングのPDCAサイクル

　ウェブマーケティングでは、「ウェブは作って公開するのがゴールではなく、公開してからが本当のスタートである」という事実を真摯に捉え、受託事業なのであればクライアントとも、その姿勢を共有することが大切です。受託プロジェクトでは、クライアントサイドが「プロに制作を任せているのだから、ウェブサイトが完成して公開したら、お客さんが行列を作るようにザクザクと集まってくるはず……」という誤った幻想を抱いてしまうことがあります。そういった事態を避けるためには、「ウェブサイトの運用は、あくまでも『仮説』に基づいている」という共通認識を持つ必要があります。

　その上で、「このサイトのお客さんは、（きっと）こんなユーザーで、（おそらく）こんなモノ・コトを求めていて、こういう発信をすればコンバージョン（CV）してくれる（だろう）」という仮説を立案します。これが「Plan（ウェブ設計）」の段階です。どのようなコンテンツを作ればコアユーザーである「ペルソナ」に刺さるかという訴求を考案し、どのようにウェブサイトを閲覧回遊し、コンバージョンに至らせるかという導線設計を考案します。

　設計に基づいて制作・公開し、集客施策に向かうのが「Do（制作・集客施策）」のフェーズです。仮説に基づいて制作されたウェブサイトを媒体として、ユーザーの検索意図を仮定し、その仮説に基づいたSEOやリスティング広告によるウェブ広告施策を展開していきます。あくまでも仮説があるからこそ、ターゲティングと訴求プロモーションの考案ができるということを忘れてはいけません。

　これらの一連の仮説を検証するのが「Check（アクセス解析）」です。アクセス解

析では、単に数字的な要素をデータとして取得するだけではなく、ウェブサイトの設計時に立てた仮説が正解だったのかどうかの「答え合わせ」をする大切な工程です。「答え合わせ」なので、その結果は「正解」か「不正解」です。==ウェブマーケティングにおいて大切なのは、正解であったのであれば「よかった！」と満足してしまうのではなく、「さらにもっと正解の道や手段はないのか？」と「成果の最大化」を目指していくこと==です。そして、残念ながら不正解だったのであれば、「軌道修正するために、最短期間、最小コストで手掛けられる修正施策は何か？」を講じていきます。ケースによってはビジネスやマーケットとして適切でない事業プランだった可能性もあるので、その場合は早期撤退による「ロスカット」が必要かもしれません。いずれのパターンにせよ、==「ビジネスとしてのウェブ運用の最適化」を目指すために、アクセス解析が必須==です。これこそがA/Bテストの根幹となる概念です。制作したクリエイティブの各パーツ、ファーストビュー[1]やページ全体など、早い段階でA/Bテストをすることで、成果の最大化が図りやすくなります。

　A/Bテストの方針立てのツールとしてアクセス解析を実行・分析することによって、さまざまな「要改修シグナル」が見い出されるはずです。このシグナルに沿って、調整運用を行っていくのが「Action（A/Bテスト・調整・リニューアル）」です。「ウェブサイトのリニューアル」というと、サイト全体をゼロベースから作り直すことをイメージするかもしれません。しかし、PDCAサイクルに基づいたリニューアルでは、ファーストビューの調整やキャッチコピーのA/Bテスト、CTAの配置など、さまざまなチューニングをしながら「マイクロリニューアル」を繰り返し、「打てる施策は出し尽くした……」というレベルまで突き詰めたら、「フルリニューアル」を行うというのが正しい考え方です。早い段階でA/Bテストを導入し、細かいテストを繰り返していくことが、成果の最大化を実現するためのコツです。

　ウェブマーケティングでは、同階層レベルでの2次元的な運用ではなく、巻き上がるような3次元的運用を目指すということを前述しましたが、その期間も短く、そして高速に回していくことが求められます。

---

[1] ウェブページにアクセスした際、スクロールせずに最初に表示される部分のこと。

# ファーストビュー

## 5-2-1 テスト運用の要となるファーストビュー

　ウェブプロモーションで、まず第一関門となるのが「ファーストビューがユーザーにどう映るか」ということです。ウェブサイトを訪れたユーザーの行動傾向として「サイトを見続けるかどうかを最初の3秒で判断する」という「3秒ルール」があるといわれています。この重要な3秒の案内役となるのがファーストビューです。ファーストビューでユーザーの興味を喚起できなければ、「このウェブサイトには自分が求めていた商品やサービス・情報が存在するだろう」という期待を抱かすことができず、閲覧を続けないということを意味しています。つまり、直帰率の高いウェブページは、ファーストビューが案内役としての役割を果たせなかった可能性があるということです。

　したがって、PDCAサイクル運用における「Action（調整・リニューアル）」では、まず最初にファーストビューのチューニングから手掛けていきます。ファーストビューの要素は、大きく分けて「ヘッダ」「キービジュアル」「グローバルナビゲーション（グローバルナビ）」「コールトゥアクション（CTA）」という4つの要素から構成されています。UI設計によっては、キービジュアルやグローバルナビの下にコンテンツや本文エリアの一部を盛り込む構成も考えられます。その場合は、サイト全体のコンセプトなど、概要をわかりやすく伝えられるテキストを配置するのが望ましいでしょう。また、スクロールを促すために、訴求ポイントや魅力を十分に盛り込んでいきたいものです。

### ヘッダ

　「ヘッダ」は、ロゴやタイトルを掲載しておくだけのエリアではありません。「このサイトがどんなサイトであるか」を伝えた上で、ユーザーのコンタクト手段や営業情報を伝える重要な「情報伝達エリア」です。ロゴ周りには、どんな商品やサービスを提供する企業・ブランドであるのかを明記すると、ユーザー自身が「自分が求めている情報や商品・サービスかどうか」を判断できます。ヘッダに住所や電話番号、CTAとしてコンタクトフォームを配置するのも、コンバージョンを高めるレイアウトのポイントです。

ヘッダが存在しないキービジュアルをメインとしたデザインレイアウトの場合でも、ファーストビュー内にCTAを配置しておく必要があります。

## キービジュアル

　キービジュアルには、想定ユーザー（ペルソナ）の欲求（ウォンツ）に合ったイメージ画像を配置します。商品サービスを利用した結果として得られる成果イメージ、「なれる自分のイメージ像」など、よりベネフィットを感じられる画像であればベストです。画像とともに、キャッチコピーやサービスの特徴、ユーザーが得られるメリットもテキストで配置します。テスト運用のフェーズでは、こういったキービジュアルに配置した画像やキャッチコピー、ユーザーメリットの内容やレイアウト、CTAの位置などを調整し、変化をテストします。

　では、実際の案件で見てみましょう。介護職の転職ポータルサイト「さいたま介護求人ねっと」(https://saitama-kaigo.jp/)の事例です。図5-2-1は、改修前のファーストビューです。

図5-2-1　「さいたま介護求人ねっと」の改修前のファーストビュー

改修後、CVRが向上したファーストビューが図5-2-2です。ユーザーメリットを打ち出した訴求テキストをキービジュアルに盛り込み、転職サポートのエントリーフォームをその直下に配置しました。画像自体も、「職場での集合写真」風から「転職に成功して遣り甲斐を感じている自分像」をイメージしたものに変更し、転職に成功した自分像を想像しやすいものに変更しました。さらに、メリットやサービスの独自性訴求をテキストで表現したものに調整しました。

図5-2-2　改修後のファーストビュー

　では、改修前と改修後のユーザー行動をヒートマップで見てみましょう。
　閲覧性の高い部分、つまりファーストビューに見せたい内容・伝えたい情報をコンパクトにまとめ、ユーザーに価値ある情報を伝えたことによるモチベーションの上昇からか、ページ全体までスクロールされていることがわかります。モバイルページでは、その傾向が顕著です。

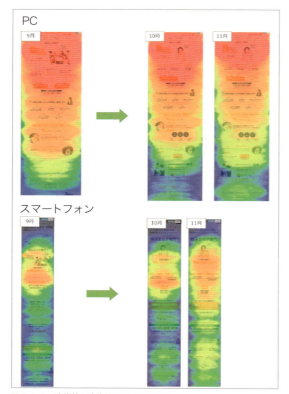

図5-2-3 改修前と改修後のヒートマップ

　その成果としては、リスティング広告のチューニングの効果もあり、運用初月より3カ月でコンバージョンが330%となりました。このようにファーストビューをチューニングし、初見時点でのモチベーションを向上させることで、その効果が「ユーザーの行動」という成果につながるのです。

## 5-2-2 ビジュアル訴求とテキスト訴求の使い分け

　ファーストビューで一番に目を惹く要素であるキービジュアルの訴求では、ウェブサイトで扱う事業やブランド、商品・サービスの業種や主旨によって、ビジュアル重視による施策が適しているか、テキストを主とした施策が適しているかが分かれます。つまり、「そのブランドやサービスの世界観として特徴や強みを伝えるために、ビジュアルとテキストのどちらを主とするかの判断が必要」ということです。

## ビジュアル訴求

　ビジュアルを重視する場合、キービジュアルに「スライドショー」(スライダー、カルーセル)を使うケースが多いでしょう。その際、異なる複数の画像に、どのような役割を持たせるのか、どのようなシナリオとして演出するのかなど、「組み合わせの意図」を持たせます。また、動画のほうが提供する商品・サービスの特徴をよく伝えられるのであれば、動画背景とするのもよいでしょう。「どのビジュアルが、よりよさを伝えられるか」「ユーザー自身が利用しているシーンをイメージに重ね合わせられるか」を想定して決定します。

　スライドショー形式でのビジュアル訴求の事例として、木材加工工房の「有限会社森工芸社」(https://morikougeisha.co.jp/)のサイトを見てみましょう。

図5-2-4　森工芸社(https://morikougeisha.co.jp/)のキービジュアル(スライドショー)

　3枚のスライドに合計8枚の写真を合成して演出することにより、森工芸社が持つ技術力、企業としての組織力、そして作業の規模を総合的にイメージ展開しています。1枚目では、さまざまな機械加工に対応し、幅広い制作物に対応できるイメー

ジを訴求しています。2枚目では、職人が熟練の技術で手作業で加工を仕上げるイメージを訴求しながら、複雑な制作物にも対応できるイメージを伝えています。そして3枚目では、熟練の職人とは対比的に若手の職人を起用してフットワークのよさをアピールし、機械の高さを超える大型の制作物を掲載することで規模感を表現しています。スライドショーで複数の画像を使用してビジュアル訴求する場合には、このような「シナリオを感じる世界観作り」がポイントです。

## テキスト訴求

　テキストによる訴求としては、イメージではサービスの質や雰囲気が伝わりづらい事業や商品に向いています。画像や動画で見せるよりも、キャッチコピーやコンセプト解説によって、ユーザーメリットや競合との違い・独自性を感じてもらいやすい商品やサービスに適しています。具体的な事例として、電話工事・LAN工事の「株式会社城北通信サービス」(https://www.jyohoku-tsushin.co.jp/)のコーポレートサイトのキービジュアルで見ていきましょう。

図5-2-5　株式会社城北通信サービス(https://www.jyohoku-tsushin.co.jp/)のファーストビュー

キービジュアルに、キャッチコピーやターゲット、そしてユーザーが得られるメリット、そして事業コンセプトをテキストで盛り込んでいます。電話工事やLAN工事を対応できる事業者を探しているユーザーであれば、サイト全般を閲覧せずとも、ファーストビューからコンバージョンに到達できるスピード感を目指しました。

　特に最上部にテキストで掲載している「実績40年、施工1万社」は信頼感のある数字であり、メインビジュアル内の上部の「業界初の1社1担当制」はサポート力を期待してもらうための訴求です。「こんな企業にお薦めします！」のセクションにターゲットユーザーのウォンツレベルの要望を並べることで、どんな用途に適しているのかをダイレクトに訴求しています。そして、「ベストプラン保証」でコストメリットも打ち出しています。具体的なメリットとして「土日夜間、対応可能」「全国対応」「マンツーマン・サポート」「初期相談無料」の4つに分けてわかりやすく表示しています。

　これらをまとめる形で、キービジュアルの下部の2行コンセプトにメッセージとして掲げています。また、その直下に「電話工事」「LAN工事」「電気工事」という3事業のバナーを並べて、「ユーザーが自身の目的情報をすぐに確認できる」ということを配慮した導線を作っています。ユーザーからの反響として「ほかの事業者のサイトよりもわかりやすく、魅力的に感じた」というフィードバックがあったことは、ウェブ設計が有効に機能している証といえるでしょう。また、グローバルナビを画面スクロールと連動させる「固定スクロール」の仕組みとしており、「ユーザーがほしい情報ページにすぐ遷移できる」というユーザービリティを確保しているのも、コンバージョンにつながりやすい導線になっています。

　このように、テキストによる訴求はファーストビューだけに限ったことではなく、サイト全体にかかわってきます。それゆえ、「どんなことに期待・信頼感を覚えるか」「どんなことにメリットを感じるか」「競合にはなく自社だからこその強みは何か」を的確に表現する必要があります。そのためには、事業ドメイン（事業領域）となる、ペルソナ像・ペルソナのニーズ（必要性）とウォンツ（欲求）、USP（売りとなる独自の強み）をしっかりと策定した上で、ウェブ設計を行うということが肝要です。そして、テキストによる訴求は、A/Bテストによって研ぎ澄ましていくことが非常に有効なのです。

# 5-3 ライティング

## 5-3-1 ライティングは「5STEP」のポジショニングではじまる

　ウェブサイトのコンバージョンを左右する大きな要素に、「ライティング」、つまり文章力があります。ウェブサイトでは、リピート購入の商品や、すでにオフラインで商品を手にしたことがあるというケースを除いては、ユーザーの想像力に購買が委ねられます。つまり、ユーザーがウェブサイトのコンテンツを閲覧して「必要と考えられるか」「ほしいと思うか」がコンバージョンに至るポイントになるということです。コンテンツは、画像や動画、そしてテキスト(文章)で構成されます。画像や動画を用いることで、まずビジュアルとしてイメージさせ、そのイメージが購買意欲として醸成されるように文章、すなわち「言葉」で後押しします。商品に選ばれるだけの魅力が備わっていることが前提ですが、コンテンツによって「選ばせる」というアプローチが必要となるわけです。このとき、「どのようなビジュアルを使うか」「どのような言葉を選ぶか」「どのような言い回し(文章)にするか」を決める際に、A/Bテストが非常に有用です。実際のユーザーが選んだものこそ、「刺さる」コンテンツだからです。

　その重要な役割を担う文章のライティングは、「どのようなテイストで、どのような視点で記述するか」という世界観が大切です。「トンマナ」(トーン&マナー)と呼ばれる、雰囲気やコンセプトを方向付ける言葉選びも意識する必要がありますが、「このブランド(商品)は、どのようなポジションで勝負するのか」という大テーマを方向付けておくことが肝要です。高級志向であるユーザーに「いかにコストパフォーマンスがよいか」を説いても響かないどころか、「チープな普及品ではなく、価格が高くてもいいモノを探しているんだよね……」とそっぽを向かれるかもしれません。逆に、普及品にハイブランドなテイストを漂わせようとしても、かえってチープさを浮き立たせる逆効果になりかねません。商品力はもちろん、市場・ユーザーのニーズ、競合の打ち出し方を見据えた上で、「自社が獲るべきポジション、シェアはどこか」を見据えて、ライティングの構成を考えて行く必要があります。

　ポジショニングをどのように考えていくかは、ブランドや商品・サービスの「事業領域」を知ることからスタートします。「事業領域」は「事業ドメイン」とも呼ばれ、「ペルソナ」「ペルソナのウォンツとニーズ」「USP(独自の強み)」の3要素で構

成されます。この事業ドメインの3要素を知ることで、「自社のお客さんがどこの誰で、何を必要とし、何を欲し、自社はユーザーのその要望に対してどう応える強みを持っているのか」を考えることができます。この思考なくして、ライティングは始まりません。それを実現するため、ライティングは次の5STEPで考えます。

- お客さまであるユーザーの姿を知る
- ユーザーが求めていることを的確につかむ
- ユーザーが、どうなりたいと願望を持っているかを知る
- 自社以外の競合は、どのようにアプローチしているのかを知る
- 競合にはない、自社が勝てる強みが出せるポジションでの勝負を考える

　そして、自社が捉えたポジショニングで、どのようにアプローチすればユーザーが興味関心を抱いてくれるか、さらに「そもそもユーザーがどうしてこの商品やサービスを求めているのか」を突き詰めて、「先回り」するようなライティングの構成を考えます。「あなたの探している商品は、コレですよね？」と提案するといった雰囲気です。

## 5-3-2 キャッチコピーが果たす役割

　ユーザーは、「購買したい（消費したい）」という衝動がありつつも、「無駄遣いは敵である」という葛藤も併せ持っています。つまり、ユーザーは「買いたい」という気持ちを持ちながらも、「買わない理由探し」を同時にしてしまうものなのです。そこで、ウェブサイトにおけるキャッチコピーは、ユーザーの心理に存在する懐疑心に打ち勝って、心理ブロックされる前に「ファン」として味方に巻き込むという役割を持っています。「キャッチコピー」は、文字通り、ユーザーの気持ちを「鷲掴み」するための武器です。ビジュアル画像で視覚的に魅せることも大切ですが、「言葉」でイメージを増幅させるのは、エモーション訴求（感情訴求）ともいうべきアピール手段です。言葉は、人によって感じ方は千差万別ですが、ユーザーが得られる恩恵、すなわち「ベネフィット」を示すことができれば、購買意欲は格段に高まります。つまり、キャッチコピーは、コンバージョンを踏みとどまりそうになるユーザーの背中を押してくれる「水先案内人」のような存在なのです。
　効果的なキャッチコピーを作成するためには、次の5つの表現要素が重要です。

- ペルソナが誰で、どんな状況にあるのかを明確にイメージさせる
- 商品・サービスによる効果・成果は何なのかをハッキリと伝える

- 想像と期待を最大限に膨らませるような、時に煽動に近い言葉を選ぶ
- ユーザーのベネフィットにつながる世界観を演出する
- 読み心地のリズムと歯切れ、コンパクトながら強いインパクトにまとめる

　この5つのポイントを意識することで、ユーザー訴求にダイレクトにつながるキャッチコピーが書けるようになります。とはいえ、「キャッチコピーは1日にして成らず」です。1つの案件に対して数十も案を出して、数えきれないほどの案件をこなして、ようやく「キャッチコピーの引き出し」ができ上がるものです。慣れないうちは、「キャッチコピー事典」のような書籍などを参考にするとよいでしょう。キーワードを置き換えてアレンジするだけでも、それなりのコピーに仕上がるものです。成果の出ているコピーをオマージュすることが、よいコピーが書けるようになる近道ともいえます。ぜひ、コピーのセンスを磨いてください。そして、コピー選びに迷ったときには、A/Bテストを活用してください。

## 5-3-3　ユーザーの行動を司る「影響言語」

　「マーケティングには心理学が有効である」と、よくいわれます。購買決定権者であるユーザーの「行動」を司る「心理」を考え、「自分だったらどう考えるか、どう行動するか」を当てはめれば、ユーザーの考えや気持ちが把握しやすくなります。心理学にも幅広いジャンルがありますが、中でも「影響言語」という「タイプごとの響く言葉を司る」という分野は、言語をコンテンツとするウェブマーケティングには特に有効です。

　また、キャッチコピーと合わせて、リスティング広告にも「影響言語」を意識して活用すると、該当するユーザーの反応率が向上しやすくなります。世の中の広告に目を向けてみると、「影響言語」を巧みに採り入れている事例が数多くあります。では、代表的なタイプごとの事例を紹介していきましょう。

### 「目的志向型」と「問題回避型」

　「影響言語」はさまざまな効果タイプに分かれますが、代表的なのは==「目的志向型」と「問題回避型」==です。文字通り、==「目的を達成することを重視する」==か==「問題が起こらないことを重視する」==という違いです。ビジネスであれば、前者は「どうすれば契約を有利に進められるか」を積極重視し、後者は「いかにすれば契約が破談にならないか」を慎重重視するタイプといえます。商品やサービスによっては、どちらかのタイプのほうがコピーを活かしやすいというものもありますが、どちらも

適用できる場合には意識的に使い分けてみるとタイプごとのユーザーの反応率が変わってくるでしょう。このような使い分けを判断する際にも、A/Bテストが非常に有効です。

・「目的志向型」に効果的な影響言語
　例：「〜ができる」「〜が実現する」「〜が手に入る」

・「問題回避型」に効果的な影響言語
　例：「〜を避ける」「〜しなくてすむ」「〜の心配がなくなる」

### 「内的基準型」と「外的基準型」

　ユーザーが潜在意識として行動の源泉となる「判断」を行う心理には、「基準」があるものです。この基準にも、効果的な「影響言語」が存在します。「内的基準型」は、自分自身で判断したり、自己満足や自己評価が重要となります。「外的基準型」は、客観的な数字や実績を重視し、他人の評価を必要とします。

　身近な事例では、洋服を決める際に、自分自身の判断や価値観で決めたいのか、他人に「似合っているかどうか」を意見してもらいたいというのが顕著でしょう。前述の「目的志向型」「問題外回避型」にしても、「内的基準型」「外的基準型」にしても、必ずしもどちらかに振り切れているとは限りません。しかし、どちらに寄っているかに傾向がある場合、影響しやすい言語パターンが変わってきます。

・「内的基準型」に効果的な影響言語
　例：「あなたはどう思いますか？」「あなた次第です」「ご自身で決めてください」

・「外的基準型」に効果的な影響言語
　例：「統計によれば」「全国の皆さまから反響をいただいています」「評判となるでしょう」

　例に挙げた「影響言語」の代表的なタイプを組み合わせたキャッチコピーを歯科検診推奨広告のパターン事例として考えてみましょう。

・目的志向型×内的基準型
　「誰もがあなたの笑顔の虜になる。そんな白い歯を定期検診で手に入れませんか？」

・問題回避型×外的基準型

「成人の60％が虫歯を患っているという事実。虫歯の早期発見に定期検診をお薦めします」

前者では、「白い歯を手に入れる」という目的志向に加えて、「あなたの笑顔に虜」という内的基準である自己評価・満足を言語訴求したコピーです。それに対して後者は、「虫歯の早期発見」という問題回避に加えて、60％という統計に外的基準としての言語訴求を込めたコピーです。

どちらが効果的かは、コピーに触れたタイプの割合によります。実際のウェブプロモーションでは、最初はあらゆるタイプに響くようなコピーやコンテンツで組み上げておくのがセオリーです。そして集客運用の段階で、広告文のA/Bテストを行い、反応率がよい広告ごとにランディングページのコピーを作り分け、広告文とランディングページの親和性を高めていくというのが影響言語の活用です。

また、ユーザーの行動心理に影響を与える言語としては、催眠療法の第一人者として有名なミルトン・エリクソン氏が、クライアントに対して使用していた言語を体系化した「ミルトンモデル」も有効です。「ミルトンモデル」は、「催眠言語」と呼ばれることもあります。「催眠」と聞くと、あやしい雰囲気をイメージしてしまうかもしれませんが、人間が無意識の状態で、自身が意図しているかどうかにかかわらず、特定の行動をとってしまうという状況を指しています。つまり、「催眠言語」を活用することができれば、ウェブマーケティングにおいても、ユーザーに無自覚的な潜在意識を芽生えさせ、行動を促すことが可能になるということです。

たとえば、「前提モデル」とは、こちらの意図を相手に気づかれることなく伝えるというものですが、うまく使うと複数の選択肢のどれを選んでも、こちらの想定したプランの1つを選んでいることになります。「叙法助動詞モデル」は、行動に対して「言い切り表現」を使うことで、選択肢をなくしてYESを引き出しやすくする手法です。「CTAに組み込む言語には、行動を促す動詞を含めることで、具体的行動をとりやすくなる」といわれます。「資料請求はこちら」というバナーよりも「今すぐ資料請求をする」というバナーのほうが反応率がよいというもので、まさに言語がユーザーの行動に影響を及ぼしている事例です。

このように、ユーザーの行動に影響を及ぼす心理学を採り入れてみると、ユーザーのの行動を制作者の意図する方向に促せることは多々ありそうです。ウェブのコピーやライティングを、少しだけユーザーの行動を促すことを意識して書くことで、よい変化が生まれるはずです。

## 5-3-4 購買意欲を育て、コンバージョンに結びつける

　ここまで、ユーザーに行動に影響を及ぼす言語の使い方を述べてきましたが、ウェブコンテンツや導線設計全般を考える際には、サイト訪問からコンバージョンに至るまでのプロセスを、ユーザー視点で、ユーザーの心理に則って考案していきます。

　まず、==ウェブサイトにおいて大切なことは、「あくまでも主人公はユーザーである」という全体構成の演出==です。「売り物」が「商品」であると、商品自体を主人公として扱ってしまいがちですが、それではユーザーの購買意欲は掻き立てられません。あくまでも「その商品を使っているユーザー」が主人公です。その商品を使っている自分を具体的なイメージとして想像できるかが購買意欲を高めるポイントです。つまり、==ウェブサイトのコンテンツを閲覧して、「これは自分のことである」すなわち「自分事」として自己認識できるかどうかがカギ==ということです。

　ユーザーがウェブサイトに求める成果は、「自分が抱えている問題が解消されるか」「自分が持っている目的を達成できるか」のいずれかです。その成果が得られ、自分自身が幸福体験をできるかどうかが、ユーザーの関心事なのです。これが「ユーザーのベネフィット」です。ユーザーがウェブサイトでコンバージョンに至ったということは、購買意欲がその時点で最高点まで到達したということです。これは、近未来の自分像をイメージしたときに、その商品やサービスがプラスに作用している姿、つまりベネフィットを享受している自分の姿を思い描けたからといえます。

　そのためには、ユーザーがウェブコンテンツを閲覧していて「共感を覚える」というメカニズムを生み出す必要があります。たとえば「こんなお客さまにご利用いただいています」というようなコンテンツに「あ、これは自分のことかも！」という親近感を持ったり、「よくうかがうご要望」というようなコンテンツに「そうそう、自分が求めているのは、まさにコレ！」と共感を覚えるということです。このとき、ユーザーは、その状況に置かれている自分をイメージして、幸福の疑似体験をします。それが期待へと変わり、購買意欲へと進化していくわけです。コンバージョンに誘導するためには、このようなユーザー心理のプロセスを念頭に置きながら、コンテンツの順序を論理的に組み立てていくことが必要です。ランディングページは縦長であることが多いわけですが、成果を挙げられるランディングページは、そこに意味があります。いかにユーザーの心理プロセスに沿って、ユーザーがスクロールしてくれるようなコンテンツ構成に順序よく組み立てられるかが成果への必須条件なのです。

# 5-4 ランディングページ

## 5-4-1 ランディングページを再定義する

==ランディングページとは、ユーザーがウェブサイトに来訪する着地点と流入口であり、いわばウェブサイトの玄関==です。下層ページを持つコーポレートサイトやメディアサイトで特定のページが人気化したり、ユーザーの検索意図にマッチしていて検索エンジンからオーガニックで到達したり、リスティング広告の到達先としてユーザーを着地させるという役割でランディングページが使用されています。ランディングページは頭文字をとって「LP」と呼ばれたり、カジュアルな呼び方では「ランペ」と呼ばれたりもしています。

　ランディングページの中でも、コンバージョンを獲得することだけを目標とした販売・集客プロモーション用のページという位置づけのものもあります。また、ランディングページは縦長のページであることが多いですが、DRM（ダイレクトレスポンスマーケティング）系の集客ツールとして活用されるケースもよくあります。DRMとは、特定の属性やセグメントのユーザーリストに対して訴求コンテンツを展開して購買意欲を扇動するようなプロモーションでコンバージョンを獲得する販売手法です。その心理的なメカニズム導線として、縦長にコンテンツ展開していくことは理に適っているといえます。

　いずれのページ構成にしても、ランディングページがウェブサイト内で果たす役割は大きく、「LPO（ランディングページオプティマイゼーション）」とも呼ばれる「到達ページの最適化」を行うことにより、最終的なCVRが向上する可能性があります。さらに、直帰率を低下させたり、サイト内回遊率を向上させたり、セッション時間を伸長させるなど、ウェブサイトの運用にとって有利となることが少なくありません。つまり、==成果を目指すウェブサイト運用において「LPO」の質が成果を左右する==と言っても過言ではないのです。そして、LPOでは、A/Bテストや多変量テストの活用が極めて有効なのです。

## 5-4-2 効果の高いLPOを施策するには

　LPOとは、前述のとおり、「ユーザーがウェブサイトに到達するページを最適化する」という考え方に則った集客施策です。Googleなどの検索エンジンからオーガニック検索によって流入したのであれば、ユーザーが望んでいるコンテンツに近しいページに流入すると想定できます。それでも、コンテンツの質によって、直帰率や回遊率、セッション時間などの滞在性が左右されますが、特に注意しなくてはいけないのが、リスティング広告と紐づけている場合のランディングページです。

　リスティング広告の精度を高めるためには、キーワードのチューニングはもとより、訴求力の高い広告文と、その広告文と親和性のあるランディングページ構築が必須です。広告文とランディングページの関連性が低いと媒体からの評価も下がります。また、広告をクリックしたユーザーがランディングページに流入しても、期待した検索意図と表示コンテンツが異なっていれば、離脱してしまいます。そもそもリスティング広告経由でランディングページに到達しているということは、その時点でクリック課金が発生しているので、直帰離脱されると、そのコストが無駄になってしまいます。したがって、ランディングページにおいては、「どんな検索意図を持つユーザーを着地させ、そのユーザーにどんな情報を提供し、どんな安心と期待を提供すればコンバージョンへのモチベーションが高まるのか」という「設計」が重要です。

　「ウェブデザイン」はビジュアルデザインの集大成ともいえますが、UIデザインの根幹は「設計」の積み重ねであることを忘れてはいけません。いかにユーザー視線・視点に立ち、その深層にある心理にまでアプローチできるかが大切です。その際に、ユーザーへのアプローチの精度を高めるのが、ランディングページのコンテンツや、コンテンツの配置です。この構成を設計する工程が、ワイヤーフレーム設計です。つまり、==効果の高いLPOを施策するには、ユーザーの視点と心理に基づいた、精度の高いワイヤーフレーム設計が不可欠==なのです。

## 5-4-3 ランディングページ設計の基礎となるワイヤーフレーム構築

　高成果を実現するランディングページを構築するためには、ビジュアルとして優れたデザイン性を持たせるだけではなく、購買意欲やコンバージョンのモチベーションを高めるためのコンテンツの構成設計が何よりも重要です。この構成設計をウェブサイトとしてランディングページに落とし込むためには、ワイヤーフレーム

作成工程が必須です。ワイヤーフレームとは、簡単にいえば「ウェブサイトの要素配置図」であり、ページ内でのレイアウトやパーツの位置、コンテンツ領域の大小等を大まかに配した構成図です。

ワイヤーフレームを作成することで、コンテンツ設計と導線設計のつなぎ込みを視覚化し、各々の要素に漏れがないかを確認できます。また、設計をビジュアル化することで、より有利な導線が作れないかといったことも検証できます。導線については、「何をどこで見せればコンバージョンしやすいか」という視点と、「どこに何があればユーザビリティが高い（便利）か」という視点を　高次元で融合させて考えていきます。

## 事例1

**図5-4-1　株式会社パイプラインのコーポレートサイト**

筆者の会社のコーポレートサイト（https://www.pipeline-dw.com/）の事例で説明していきましょう。

電話番号は見つけやすいところに配置が鉄則です。ヘッダに住所があると「エリア圏内どうか」もユーザーが確認できるので、記載しておくのが望ましいでしょう。取引先が、ちょっとした用件で電話番号や住所を調べたいというときに、わざわざ名刺を探したり、ウェブサイトの階層の奥にある会社概要を閲覧しなくても済むという配慮でもあります。問い合わせボタンをヘッダに設置するケースもあります。グローバルナビは、優先度の高い内容、確実に見てほしい項目をキーワードを含めて記述するのがセオリーです。また、更新性の高いコンテンツは上部に配置することでリピーターの目新しさを確保できます。

このように、ユーザー視線で「どこに何が配置されていれば利便性が高いか」（ユーザビリティ）、「どこにどんなコンテンツがあればユーザーの検索意図にサイトが機能としてマッチするのか」（ユーティリティ）、「どんなサイト内回遊経路を用意しておけばコンバージョンに向かいやすいか？」（コンバージョン導線）という3つの重要ポイントを確認する意味でワイヤーフレームが役立ちます。

　トップページだけでなく、各ページのワイヤーフレームを作ることによって、「導線に漏れはないか」「戻るボタンを使わなくてはいけないような『袋小路』はないか」を確認できます。ワイヤーフレームはウェブサイトの構成要素の配置を可視化するためのものであり、複数のスタッフが携わるウェブ制作では、制作チーム内に齟齬がないように共通認識を可視化するという意味でも有効です。また、制作チームだけではなく、クライアントにウェブサイト内の構成を解説し、進行承認してもらうためにもワイヤーフレーム工程は重要な役割を果たします。まずはワイヤーフレーム工程によって要素配置を決定してから、ビジュアルデザインへの落とし込むためのカンプ[※2]制作へと進行します。

## 事例2

図5-4-2　**ワイヤーフレーム**

※2　制作物の仕上がりを具体的に示すために作られる見本のこと。

図5-4-3 ワイヤーフレームをもとに実装したコーポレートサイト

先にも紹介した「株式会社城北通信サービス」(https://www.jyohoku-tsushin.co.jp/)のコーポレートサイト制作時に作ったワイヤーフレームの事例です。実際のウェブページとして表現すると膨大な情報量となりますが、設計時にワイヤーフレームで明確に整理しておくことで、どのように来訪ユーザーにクライアント事業の強みや付加価値、他社にはないメリットを提供できるかを漏れなく盛り込めています。

　ちなみに、このワイヤーフレームはAdobe Illustratorで作成しています。ワイヤーフレーム作成ツールとしてさまざまなものがリリースされていますが、最近では「Adobe XD」(https://www.adobe.com/jp/products/xd.html)が注目されています。デバイスごとのインターフェイスを確認でき、アプリを使用することでモバイル実機での確認もできるため、ユーザー視点での実践的なプロトタイプテストが可能になります。UIデザインツールでありながら、UXデザインツールも兼ねているともいえます。

図5-4-4　Adobe XD (https://www.adobe.com/jp/products/xd.html)

　ワイヤーフレーム作成のポイントとしては、「どんな情報をユーザーに伝えるか」という「コンテンツの整理」と、「どこにどんな機能があればユーザー視点で便利か」という「レイアウトの工夫」、そして「どういう順序でコンテンツをみせてページ遷移させればコンバージョンしやすいか」という「コンバージョン導線の最適化」という3つになります。つまり、成果の出るワイヤーフレーム作成を行うためには、「ウェブ設計」時点における、「コンテンツ設計」と「導線設計」が最重要ということです。そして、この「ウェブ設計」を考案する際には、ウェブマーケティングを戦略的に考案する前提として、事業戦略を組み立てていくことが肝要になります。

# テストパターンの
# クリエイティブの作成

　ここまで、ウェブマーケティングに基づいたウェブサイト設計の基礎知識を解説してきました。いくつかの事例も挙げて説明していますが、共通していえるのは「しっかりとした設計が必要である」「作って終わりではなく、常によい結果を残せるように研ぎ澄ましていく」ということでしょう。そのためには、A/Bテストが強い武器になります。

　ここでは、これまで学んできた知識を前提として、どのようにして効果的なA/Bテストのクリエイティブを作成していくのかを解説していきます。A/Bテストを実施するためには、複数のパターンを作成する必要がありますが、やみくもに作っても意味がありません。課題（仮説）設定と、検証軸に沿ったクリエイティブ設計が重要です。

## 5-5-1　クリエイティブ作成の進め方

　GoogleオプティマイズでA/Bテストを実施するには、オリジナルよりも改善すると思われるクリエイティブパターンが必要です。A/Bテストのクリエイティブパターンを検討する手順を説明していきましょう。次のような流れで進めていきます。

① オリジナルのクリエイティブ課題を抽出する → ② 課題・ターゲティングから検証軸を決める → ③ クリエイティブを設計する → ④ クリエイティブを作成する

図5-5-1　**A/Bテストのクリエイティブ作成の流れ**

## 5-5-2　オリジナルのクリエイティブ課題を抽出する

　具体的なクリエイティブを考える前に、まずは現状ページの課題を洗い出します。Googleアナリティクスから対象ページのログを確認するなどして、課題とその要因の仮説を立てます。たとえば、次のような課題などが見つかります。クリエイティブ作成のための例なので、ここでは非常にシンプルな課題を挙げています。

> **クリエイティブのよくある課題（仮説）**
>
> ●訴求の課題
> ・ランディングページの訴求が流入元の需要と合致していない
> ・訴求ポイントが企業目線で、ユーザーのベネフィットとずれている
> ・メインビジュアルから訴求が伝わりにくい、あっていない
>
> ●ページ構成・UIの課題
> ・ページに情報が多すぎて、ユーザーに伝わっていない
> ・デバイスごとに最適化されておらず、使いづらい
> ・コンバージョンボタンがわかりにくい、押しづらい
>
> ●機能（フォーム）の課題
> ・入力項目が多すぎる
> ・エラーメッセージがわかりにくい
> ・入力補助機能が不足しており、離脱してしまう

## 5-5-3 課題・ターゲティングから検証軸を決める

　==オリジナルの課題（仮説）を踏まえ、A/Bテストで「何を検証するのか」の検証軸を決めます==。パターンごとに検証軸が決まっていないと、A/Bテストの結果が出ても何がよかったのかがわからなくなります。
　検証パターンを考える際に、前提となるターゲティングを考慮します。たとえば、流入元ごとにテストを実施する想定であれば流入元ごとに訴求を変更する、デバイスごとであればデバイスごとに最適化されたUIをテストするなど、ターゲティングにあわせて最適な検証軸は変わってきます。なお、==検証軸を考えるときは、「訴求」「UI」「アクション導線」の3つの項目から考えるとよい==でしょう。具体的なクリエイティブ案を作成する際には、これらのすべてが融合してきますが、メインの検証軸を定義しておくとクリエイティブ作成範囲の線引きもしやすくなります。

## 検証軸を考える

### ①訴求を検証する

　A/Bテストでもっとも多い検証軸です。現在のクリエイティブと違うコピーやポイントを掲載したり、掲載内容の優先度を変更したりといったことです。特に、ファーストビューの訴求は重要で、ファーストビュー（キャッチコピー＋メインビジュアル）を変えるだけで成果が出ることもあります。次のような変更が考えられます。

- 流入元にあわせて訴求（キャッチコピー）を変更する
- 新規ユーザーとリピーターで商品のお勧めポイントを変更する

### ② UIを検証する

　訴求メッセージにあわせてデザインを変更したり、構成要素は変更せずに配置やデザイン変更のみでテストをしたりするケースもあります。UIのみの検証の場合、パターンごとに何をテストしたいのかをあらかじめ整理しておきましょう。次のような変更が考えられます。

- 流入エリアにあわせて、メインビジュアルを変更する
- デバイスごとにレイアウトを変更する

### ③アクション導線を検証する

　コンバージョンボタンの文言やデザイン、配置を変更してテストします。実際にはボタンの変更だけでは結果の差が小さいことも多いので、訴求やUIと一緒に検討するほうがよいでしょう。次のような変更があります。

- リンクやボタンの配置、デザインの変更
- ボタン文言の変更

## 5-5-4 クリエイティブを設計する

検証軸が決まったら、検証軸にあわせて具体的な構成案（ワイヤーフレーム）を作成します。ワイヤーフレームを作成する目的は、関係者でA/Bテストパターンの共通認識を持つこと、次のクリエイティブが作成しやすくする準備という2点です。テストパターンの改修範囲が限定的であったり、ワイヤーフレームでは違いがわからないような検証軸であったりする場合は、ワイヤーフレームなしでデザインを作成したほうが早い場合もあります。状況に応じて判断しましょう。

### クリエイティブの課題からテストワイヤーフレームを作成する

#### 1. ファーストビューの課題

オリジナルに対して、訴求軸やアクション導線を変更します。

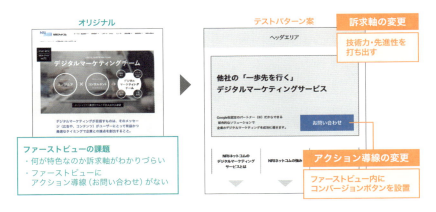

図5-5-2　ファーストビューのワイヤーフレーム

5-5　テストパターンのクリエイティブの作成

## 2. ページ構成の課題

情報の優先度、見せ方やユーザビリティを変更します。

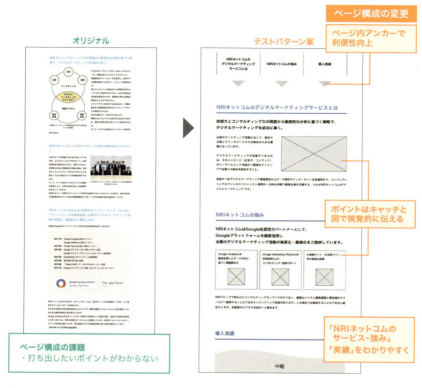

図5-5-3　ページ構成のワイヤーフレーム

### 3. アクション導線の課題

ファーストビューやスクロール時のコンバージョン導線を検討します

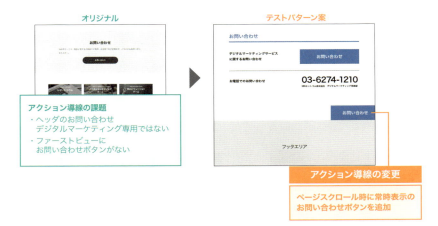

図5-5-4　コンバージョン導線のワイヤーフレーム

　デザインを作成してから検証したい内容が変わってくると、A/Bテスト実施までのスケジュールに遅れが発生する可能性があります。==ワイヤーフレームの段階で、関係者に検証内容の合意がとれるようにしましょう。==

## 5-5-5　クリエイティブを作成する

　クリエイティブ設計が完了したら、クリエイティブを制作します。設計内容によりますが、通常はデザインおよびHTMLコーディングが必要になります。テキストのみの軽微な内容であればGoogleオプティマイズのビジュアルエディタから編集可能ですが、画像や外部CSS、JavaScriptは事前に準備した上でサーバにアップロードしておく必要があります。

　また、HTMLデータも難易度が高いもの、JavaScriptを使用するケースなどはテストページをあらかじめコーディングしておくほうが、Googleオプティマイズへの実装がスムーズに進みます。

　最後に、クリエイティブ作成時の留意点をまとめておきます。

## クリエイティブ作成時の留意点

### ①オリジナルとの変更点がわかりやすい

オリジナルと比較して、一目でページの違いがわかることが望ましいです。オリジナルとの差が小さいと、A/Bテストをしても結果が出づらくなります。

次の例では、コピーと写真を変更していますが、メインビジュアルの違いがわかりづらいので、成功とはいえません。

図5-5-5　オリジナルとの変更点がわかりづらい

### ②設計した検証軸に合致している

設定した検証軸と作成したクリエイティブが合致しているかは、完成時に再確認します。修正を加えているうちに、最終案はオリジナルと何が違うかよくわからなくなってしまったり、1パターンに修正点を詰め込みすぎて検証軸がぼやけてしまったりすることがよくあります。

図5-5-6　ファーストビューの変更

図5-5-6に挙げた例では、「新たな訴求軸（技術力・先進性）の打ち出し」「コンバージョン導線」を追加しています。メインビジュアルで「技術力・先進性」が感じられるため、コンバージョン導線がわかりやすくなっています。

**図5-5-7　ページ構成の変更**

図5-5-7では、「強み・実績」をわかりやすく訴求し、読まずとも視覚的に伝わるようにページ構成を変更しています。段落構成を整理し、「強み、実績」が視覚的にユーザーに伝わりやすくなったかを検証します。

5-5　テストパターンのクリエイティブの作成　　197

### ③サイト全体に実装できる(トーン&マナー、レギュレーション)

　A/Bテストによって成果がでた場合、サイト全体に実装していきます。==実装の際には、全体のトーン&マナーを守ることや、サイトのレギュレーションに準拠していることが前提条件==です。成果を求めるあまり、全体の雰囲気から逸脱したパターンとならないように注意しましょう。

# Chapter 6
# ウェブテストを支える コンセプトと技術

ウェブテストを実施するには、コンテンツ構成のコンセプトを設計レベルからしっかり理解しておくことが大切です。ユーザーがどんな情報を求めて、どんな検索意図でサイトを探すのか、そしてサイトにたどり着いたあと、どんな心理状況でサイト内を回遊するのかなど、まるで先回りするようにコンテンツを用意することで、コンバージョンは成果につながります。実際のランディングページの制作事例を挙げながら、その技術を紐解きます。また、それを検証するために、複数のツールを連携させてデータを可視化する方法も紹介します。

6-1 ウェブテストのためのウェブマーケティングの基礎
6-2 行動心理から紐解く「12STEPフレームワーク」
6-3 データの可視化

# 6-1 ウェブテストのためのウェブマーケティングの基礎

## 6-1-1 ウェブマーケティングは事業戦略から組み立てる

　ウェブサイトをビジネスで活用するということは、目的やプロモーションが存在しているはずです。ウェブサイトにおいて、商品販売や資料請求などのコンバージョンを獲得していくためには、「ウェブマーケティング」を総合的に見渡す高く広い視野と、細かい施策にまでおよぶ詳細の視点が必須になります。

　ウェブマーケティングでは、PDCAサイクルが重要であることを「5-1　ウェブマーケティングにおけるPDCA」(168ページ)で述べました。そして、ウェブ設計は「P(Plan)」にあたります。ウェブ設計を考案する際、「自社の商品をどう売るか」という視点だけで考えるのは、マーケティングの観点からは正しくありません。なぜなら、マーケティングの観点では、「商品が求められ、買ってくれる人がいる」という「市場・ユーザー」、すなわち「マーケット」が存在し、そのマーケットに対して、自社以外の「競合」が存在しているからです。「市場・ユーザーが求めているコト・モノに対して、競合はこのよう施策を実施している。その対抗として、自社はこの商品をこのように販売していく」という方針を組み立てる必要があります。これが事業戦略であり販売プロモーション戦略です。

### 事業戦略フレームワークと3C分析

　事業戦略を考える上で、「事業戦略フレームワーク」という考え方が活用されています。これは、戦略思考のテンプレートのようなもので、広く活用されている事業戦略フレームワークが、「市場・ユーザー(Customer)」「競合(Competitior)」「自社(Company)」の3つの要素で組み立てる「3C分析」です。

図6-1-1　3C分析

　3C分析を行う際に留意すべき点は、「自社を起点に考えない」ということです。「自分の商品を売るのだから」という視野で考えてしまいがちですが、「市場・ユーザー」を起点に考えていく必要があります。3C分析に限らず、すべてのマーケティング戦略は、市場・ユーザー起点で考えるということを忘れないようにしてください。

　3C分析では、「市場・ユーザー」の次に「競合」を策定します。ここでは、直接競合だけではなく、「将来的にどんな競合リスクが台頭するのか」ということも見据えて、間接競合も洗い出しておくとよいでしょう。競合策定では、自社の直接競合となる企業やブランドが、どのようなウェブプロモーションを仕掛けているのかを徹底的にリサーチします。このとき、自社が戦うべき競合を明確にしておくことが大切です。資本力的に相手にならない企業を直接競合と捉えても勝ち目がありませんし、小規模で展開している個人は直接的な競合ではありません。「勝つべき相手に勝つ」「ポジションが空いている市場で勝負する」という考え方が重要です。

　3C分析の最終工程では「自社」を考えていきます。いわば3C分析の「総まとめ」ともいえます。考え方としては、「市場にはこんな流行やニーズがあり、ユーザーはこんなことを求めていて、それに対して競合はこのような形で打ち出しているので、自社はこういうポジショニングで仕掛けていく」という順序で組み立てます。特に中小企業や弱小ブランドであれば、このポジショニングにおいて、独自性を打ち出したり競合が持っていない強みを活かした施策を考えられると、勝率が高まります。

## ユーザー起点での策定を最優先する4C分析

　事業戦略フレームワークには、このほかに「4P分析」[1]や「5F分析」[2]が有名ですが、現代型のウェブマーケティングを論じる場合には「4C分析」が有効です。4P分析が売り手目線的であるのに対して、買い手目線で考案するのが4C分析です。

「Customer Value（ユーザーが得る価値）」「Cost to the Customer（ユーザーの負担コスト）」「Convenience（利便性）」「Communication（ユーザーとのコミュニケーション）」の4つの要素から策定します。

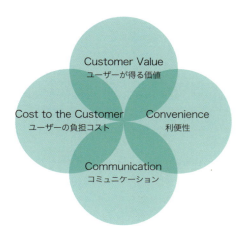

図6-1-2　4C分析

　「ユーザーが得る価値」は、ユーザーベネフィットを表しています。ベネフィットとは、「ユーザーが得られる幸福体験や付加価値」のことであり、ウェブプロモーションにおいて、購買意欲を高める原動力になります。これを第一に考えることによって、商品やサービスの付加価値が向上します。また、その商品やサービスが、ユーザーの要望である「ウォンツ」を満たしているかという視点での検証も大切です。

　たとえば、「ユーザーの負担コスト」は、直接的な商品サービスの価格だけではありません。送料や手数料など、「ユーザーが商品を取得するのに掛かるコスト」も含まれますし、商品配送で到着するまでの時間的コストも該当します。同じ商品であれば、価格が安い店で購入するでしょうし、価格が同一なら送料が安い店を選ぶでしょう。価格も送料も同一であれば、到着までが少しでも早い店舗が選ばれるでしょう。それらがすべて同一であれば、「価格だけではない付加価値」がポイントになります。ウェブサイトや店舗にブランド力があれば、そこで購入する事自体が付加価値になることもあります。ブランド力は、それほどに重要なのです。

---

※1　「Product（プロダクト：製品）」「Price（プライス：価格）」「Place（プレイス：流通）」「Promotion（プロモーション：販売促進）」
※2　5フォース分析とも呼ばれ、「供給企業の交渉力」「買い手の交渉力」「競争企業間の敵対関係」という3つの内的要因と、「新規参入業者の脅威」「代替品の脅威」という2つの外的要因から、業界の構造分析をおこなう手法のこと。

「利便性」は、ウェブサイトの導線やコンテンツを考える上で、とても重要な要素です。「ウェブサイトがわかりやすいか」「ウェブショップとして使いやすいか」は利便性を語る上の「総称」ともいえる命題です。

　「商品のわかりやすさ」「注文方法のわかりやすさ」「送料含めた、配送に関するわかりやすさ」「問合せ方法のわかりやすさ」など、すべてにおいてわかりやすくなっている必要があります。「ほしいと思ったが、注文方法がわかりにくいので購入をとどまった」「予約しようと思ったが、連絡先がわかりづらいから他のサイトに移動した」といったことが起こり得ます。ユーザー目線に立って「自社のウェブサイトにわかりにくいところはないか」を再検証しましょう。

　「ユーザーとのコミュニケーション」は、新規ユーザーの獲得や、リピーターとしての囲い込みに重要な要素になり、特に「リピーターの囲い込み戦略」は大切です。「1つ買ってくれたユーザーにもう1つ買ってもらう」ことのほうが、新規のユーザーを獲得するよりも容易で、コスト的にも有利だからです。ユーザーとのコミュニケーションは、メールマガジンなどが現在でも有効ですし、昨今のウェブマーケティングではSNSプロモーションが重要施策となります。後述しますが、ウェブコンテンツを考案する上でのフレームワークには「どのようにSNSでシェアされるか」のユーザー拡散戦略も含まれることもあります。ユーザーとのコミュニケーションについては、「接触頻度が高いほど親近感を感じる」という「ザイオンス効果」と呼ばれる心理現象もあります。ぜひ、あらゆる手段でユーザーとのコミュニケーションを密にして、自社ブランドのファンを囲い込みましょう。[※3]

## 6-1-2 事業戦略を細分化して、コンテンツの情報を整理する

　事業戦略をウェブサイトに落とし込むためには、策定した情報を整理してコンテンツに細分化していく工程が必要です。

　まずは、事業戦略で策定した結果を「事業ドメイン」に細分化してみます。事業ドメインは「ペルソナ」「ユーザーのニーズとウォンツ」「USP（独自のウリ）」の3要素から構成されます。ペルソナの策定は、マーケティングの基本中の基本です。ペルソナとは、古典劇用語での「仮面」が心理学の「人的側面」に派生して、マーケティングに活用されるようになった用語で、簡単にまとめれば「商品サービスを利用するユーザーの最重要人物モデル」、つまり「仮想的なコアユーザー」を表します。

---

※3　『Web集客が驚くほど加速するベネフィットマーケティング「ベネマ集客術」』より一部引用

## ペルソナの策定

ペルソナについては、より細かくコアユーザーの人物像を策定します。具体的な例で比較してみましょう。

・悪いペルソナの例
　30代、会社員、男性

・良いペルソナの例
　35歳、広告代理店勤務、課長、横浜市在住、妻・長男長女と4人暮らし

　前者の情報から、このユーザーがどんな人物なのか、具体的には想像できないでしょう。では、後者の場合は、このユーザーがどんな仕事をしていて、どこでどんな暮らしぶりなのか、ある程度は具体的にイメージできるはずです。このレベルまで詳細に人物モデルを設定しておくことで、ペルソナの周囲にあるコミュニティや、媒体、そしてコンバージョンに至るまでのキーパーソンやプロセスも仮説を立てやすくなり、コンテンツ構成、集客からコンバージョン促進、そしてクロスセルやアップセルへの誘導まで、各フェーズでの施策が具体的になります。

　ペルソナの設定については、ユーザーアンケートを行った回答をもとにできれば間違いないのですが、ユーザーのリストがあれば、ある程度平均的なユーザーモデルを組み立てることができます。ペルソナは仮説ですが、それを持たずにウェブサイトを設計するのは、どこの誰に向かって、どんな訴求を発信していくのかという目標がないことになります。PDCAサイクルでも触れたように、==ウェブサイト構築とは、すべてが仮説に基づいてスタート==するものです。もちろん仮説なので誤りは発生します。しかし、誤りに気づいたら、「1つの仮説について検証ができた」と捉えて、軌道修正すればよいわけです。より精度が高い仮説を最初から立てることができればよいのですが、まずは「とにかくペルソナを導き出す」ことを心がけてください。

　ペルソナを策定することで、その周囲のタッチポイントやコミュニティ、コミュニケーションやプロセスを図式で策定する「コミュニケーションデザイン」や、サイト内でのユーザーのモチベーションを策定する「カスタマージャーニーマップ」[4]や「コンセプトダイアグラム」[5]に応用展開が可能です。

---

[4] ペルソナが、商品やサービスを知ってから最終的にコンバージョンするまでの「行動」「思考」「感情」などのプロセスを時系列的に可視化（マップ化）したものです。
[5] 顧客の心理変容と施策を図解し、顧客の理解と施策の評価を行うメソッドです。清水誠氏によって提唱されました。https://concept-diagram.com/

## ユーザーのニーズとウォンツの策定

　ペルソナを策定したら、扱う商品やサービスのコアユーザーたるペルソナの「ニーズとウォンツ」を策定していきます。ニーズについては市場全体の需要や流行として捉えることもできますが、ウォンツは、よりミクロな視点で「ユーザーの必要性」を捉えていくと、具体的な訴求が可能になります。ニーズとウォンツの違いは、次のように比べるとわかりやすいでしょう。

- ニーズ
  漠然とした要望と必要性
- ウォンツ
  具体的な要望と渇望

具体的に、飲み物の事例で見てみましょう。

- ニーズ
  何か飲み物が飲みたい
- ウォンツ
  テニス後に喉が渇いたので、冷たいスポーツドリンクで潤したい

　ニーズの時点では、確かに喉が渇いているのはわかるのですが、その理由も、欲しているものも、飲料を飲むことでどうなりたいのかも明確ではありません。それに対して、後者のウォンツでは、「テニスをしたから」という具体的な理由とシーンがわかり、どんな飲料をどんな状態で飲みたいのかがわかり、そして飲料を飲んだ結果としてどうなりたいか、どんな効果を期待しているかが手に取るようにわかります。ここまでシナリオレベルで策定すると、このシーンがイメージしやすくなり、キャッチコピーやコンセプト文のライティングに役立てることができます。

　ユーザーのニーズとウォンツを策定するには、ブレインストーミング的に、とにかくユーザーインサイト、つまり、ユーザーの興味や願っていること、悩み、その商品やサービスに求められることや起こることを箇条書きレベルで書き出して整理してみるとよいでしょう。ニーズとインサイトをまとめるには、「ユーザーが必要とし、かつほしいと思っているモノ・コトは何か」と、簡潔にシーンまで含めたシナリオレベルに表現できるようにブラッシュアップします。そうすることで、「ペルソナのニーズとウォンツを満たす条件は何か」「どのようにアプローチすれば、ペルソナがニーズとウォンツの達成に自社の商品の購買意欲を掻き立てられるか」という「訴求ポイント」が見えやすくなるのです。

## USPの策定

　事業ドメインでは、最後に「USP」を策定します。これは「ユニーク・セリング・プロポジション(Unique Selling Proposition)」の略称で、意訳すると「売りとなる独自の強み」ということになります。「競合他社ではなく、自社が選ばれる理由と独自の強みは何なのか」という命題の解が明確であればあるほど、ビジネスは有利になります。特に中小企業や弱小ブランドでは、==「差別化」という考え方ではなく「独自化」を目指すべき==です。なぜなら、差別化という考え方では、多くの場合において資本力がモノを言い、企業規模がそのまま力関係になってしまうケースが多いからです。差別化よりも独自化、つまり「ナンバーワンよりもオンリーワンな存在」を目指すことで、ニッチながらも特定のユーザーの支持を得られます。USPが尖っていれば尖っているほど、その尖端を求めるニッチなユーザーには訴求しやすくなります。特にウェブでは、それが顕著で、施策としても取り組みやすいものです。

## 事業ドメインの掛け合わせからユーザーベネフィットを導き出す

　事業ドメインにおいて、「詳細にまで人物モデルを掘り下げたペルソナ」「ペルソナのニーズとウォンツ」「競合ではなく自社が選ばれるUSP」を策定したら、それらを掛け合わせてみましょう。そうすることによって、「どこの誰に対して」「そのユーザーのどんな問題解決や目的達成のための」「どんな独自的な強みを提供するサービスか」がまとめられます。つまり、商品サービスのコンセプトが仕上がるわけです。コンセプトが明確になっていると、ウェブサイトでの訴求構成は組み立てやすくなります。

> ペルソナ×ニーズ＆ウォンツ×USP＝ベネフィット

　コンバージョン獲得を狙う場合には、事業ドメイン3要素の策定から、さらに一歩掘り下げて、ユーザーに提供できる価値を見出していきます。そのためには、事業ドメインで策定した3要素を掛け合わせて、その結果として「商品やサービスを使用・利用したユーザーがどういう結果を得られるのか」を考えます。さらに踏み込んで「ユーザーがどんなメリットや恩恵を受けるのか」「そして自社がユーザーに提供できる付加価値は何か」と突き詰めていくと、「ユーザーベネフィット」に辿り着きます。検索結果から流入したユーザーなど、一期一会的な訪問ユーザーにも「このサイトを利用することによって、どれだけのメリットを自分自身に得られるか」

を感じさせてコンバージョンに導くわけです。ユーザーがサイトに辿り着けば自動的に売れるようなニッチなものならいざ知らず、汎用的な商品やサービスであればあるほど、いかにユーザーが自分事に考えられるようなベネフィットを提案できるかが大きなポイントになります。

## 6-1-3　ユーザーの行動心理フレームワーク

　高いCVRを実現するには、ユーザーの行動心理を汲み取ってコンテンツ設計に組み込むことがポイントです。ユーザーがコンバージョンに至るということは、ウェブサイト内での購買意欲が実際の行動につながる原動力になったということです。その購買意欲を高めていくには、ユーザーの行動心理を読み取り、コンテンツとして「先回り」して表現していくことが必要です。それを実現するフレームワークを紹介していきましょう。

### AIDMAの法則

　AIDMA（アイドマ）の法則は、1920年代にアメリカ合衆国の販売・広告の実務書の著作者であったサミュエル・ローランド・ホール氏が著作中で示した広告宣伝に対する消費者の心理のプロセスです。広告界で古くから使われてきた行動心理のフレームワークで、次の5つの頭文字をとっています。

- Attention（注目）
- Interest（興味）
- Desire（欲求）
- Memory（記憶）
- Action（行動）

　この5つは、「Attention」が「認知段階」、「Interest」「Desire」「Memory」が「感情段階」、「Action」が「行動段階」という3つに区分されます。ユーザーの購買決定プロセスを知り、消費者がどのような状況に位置しているのかを把握することで、状況に適切な方法を検討・実施できるようになります。
　「Attention」では、まず商品やサービスを認知してもらい、注意喚起や問題提起をすることで、ユーザーに「自分事」としてのイメージを持ってもらいます。そのイメージが「Interest」につながります。高い関心を持つことで、徐々に購買意欲の種が発芽しはじめます。購買意欲を高めるためには、ユーザーが商品やサービス

を使用・利用した結果どうなるのかという成果イメージも具体的に伝えるようにします。そして、直接的な効果だけでなく、付加価値としてどんなメリットがあるのか、どんな幸福体験が得られるのかという「ベネフィット」を盛り込むことによって、購買意欲を最大限に高めるようにします。そうすることで「必要」という心理は「ほしくてたまらない」（Desire）というレベルにまで引き上げられるのです。

「Memory」では、ユーザーは初回のウェブサイト訪問でコンバージョンまで至るとは限らないので、リピート訪問につながるような印象付けを行います。また、せっかくのウェブサイト訪問を、今度は事業者側からアプローチしやすくするために、メールアドレスを入手する仕掛けは組み入れたいものです。その場合、特典資料やサンプル提供、無料メールセミナーやオンライン動画セミナーなどの「オファー」をセットにすることで、自然な形でユーザーにメールアドレスを提供してもらいます。あらゆるビジネスにおいて、メールアドレスは大切なユーザーとのコミュニケーション手段のための「資産」となります。

「Action」では、CTAを通じて、ユーザーへの行動、すなわちコンバージョンを促します。バナーボタンなどでフォームへの誘導したり、モバイルの場合はタップで電話発信をさせたりするといったアクションを求めます。バナーボタンの場合は、「資料を請求する」「今すぐ購入する」など、具体的行動を促す文言も添えて作るのが効果的です。

## AISASの法則

AISAS（アイサス）は、大手広告代理店が提唱した、より現代型で特にインターネットユーザーを想定した行動心理フレームワークです。

- Attention（注目）：認知段階
- Interest（興味）：認知段階
- Search（検索）：感情段階
- Action（購買）：行動段階
- Share（情報共有）：行動段階

基本的には、AIDMAの法則と構成要素は似ています。ウェブマーケティングの観点から、「どのように検索されるか」「どんなキーワードやフレーズで検索するか」「そもそも、どんな理由で検索するのか」という、ユーザーの「検索意図」を汲み取ることが重要です。そして、その検索意図の解を「あなたが求めている情報や商品はこれですよね」という具合に「先回り」してコンテンツとして提案する意識がポイントです。

最終段階の「シェア」が現代型と言える所以で、単にユーザーが1消費者として完了するのではなく、ブログやSNSで情報拡散者となり、バイラル(クチコミ)を作り出すかという想定も視野に入れていきます。

## AISCEASの法則

AISCEASとは、購買行動プロセスを説明するモデルの1つです。「アイセアス」もしくは「アイシーズ」と読み、AISASと同様にインターネットの購買行動を表しています。

- Attention(注目)：認知段階
- Interest(興味)：認知段階
- Search(検索)：感情段階
- Comparison(比較)：感情段階
- Examination(検討)：感情段階
- Action(購買)：行動段階
- Share(情報共有)：行動段階

AISASと基本構成は似ていますが、AISASよりも要素が多く、プロセスを細分化できるのが特徴です。

近年では、多くの商品やサービスは、即決で決める(コンバージョンする)のではなく、「競合と見比べて検討した上で絞る」という行動が一般的です。この傾向は、高額なものや長期に渡って利用するサービスでは顕著でしょう。たとえば、自動車や住宅、学校、スクールなどを比較することもなく決定してしまっては、それがベストな判断・決定であるかが不安となるのは当然です。それが「Comparison」「Examination」の比較検討期です。

このときに、どのようなアプローチができるのかがウェブマーケティング施策として大切です。また、リスティング広告を手掛けているのであれば、追客広告施策である「リマーケティング広告(リターゲティング広告)」が重点的な施策となります。ユーザーが競合サイトの商品やサービスを選んだとして、その理由の1つに「ほかの商品サービスのことを忘れていた」ということもあり得ます。その時点で自社の商品やサービスに興味が薄かったという裏返しでもあるのですが、そうならないためにも、ほかの競合サイトを見ていたり探していたりするときにも自社のウェブサイトの存在をアピールすることが大切なのです。

## 6-2 行動心理から紐解く「12STEPフレームワーク」

### ランディングページ向け「鉄板」フレームワーク

　前述したユーザーの行動心理フレームワークを応用して構成した、ランディングページのためのフレームワークを事例とともに紹介していきましょう。このフレームワークは、内容の一部を組み替えたりして手を加えれば、どんな業種や商品・サービスにも汎用的に応用しやすい「ランディングページ鉄板フレームワーク」です。

図6-2-1　12STEPフレームワーク

このフレームワークに沿って制作したウェブサイトで、設計と構成の実務を紹介していきましょう。原田国際特許商標事務所の商標登録事業において、サービスブランドとして打ち出しているウェブサイトの事例です。リリース以後、SEOやリスティング広告が順調ということもあり、月間あたりのコンバージョンも好調で、高成果なウェブ集客を実現しています。これは、個別の集客施策だけに起因するのではなく、制作時の設計からトータルの施策によるものです。つまり、「SEOでも上位表示を狙いやすく、かつリスティング広告から着地したユーザーもコンバージョンしやすい」という狙いで設計したランディングページなのです。

　筆者がランディングページを構築する場合には、一部の例外を除いては「トップページとしてランディングページを設置しつつ、下層ページも置く」という構成で設計します。ならなら、単ページのランディングページでは検索キーワードでの上位化が難しいからです。昨今のアルゴリズムでは、外部対策よりも内部対策のほうが検索ランキング上位化のキーポイントを握っています。

　そこで、ランディングページ形式でユーザーへの訴求を行うコンテンツを展開し、コンバージョンとなるフォームやカートだけでなく、さらに多くのコンテンツを掲載する下層ページを置くことで、内部リンクを確保するわけです。ランディングページのコンテンツの詳細を下層ページで解説するという構成で組み立てれば、自然な構成になります。

　また、静的なコンテンツだけではなく、サイト内にブログを置けば更新頻度も高まり、検索結果の上位化の理由になります。ブログでは「ロングテールキーワード」を意識することで、スモールキーワードによるユーザー流入も積み上がるため、アクセス数の増加につながります。これらのすべてが組み合わさることで、ウェブ集客が安定します。

　では、具体的な構築事例を観ながら解説しましょう。原田国際特許商標事務所のブランドで、店舗系サービス業向けの専門サービスとして商標登録申請を行う「スピード商標申請」のランディングページです。

図6-2-2 「スピード商標申請」のランディングページ
https://shohyo-shinsei.com/

　各STEPの詳細を交えながら、ランディングページの構成をセクションごとに解説していきます。

## STEP1　キービジュアルでユーザーメリットと訴求をダイジェスト提示

　まずは、ユーザーが最初に目にする領域である「ファーストビュー」です。このセクションは、ユーザーが<mark>サイトや商品サービスそのものに興味を持ってもらうための重要な役割</mark>を担っています。キャッチコピーや、メッセージアイコンを入れ、ユーザーにメリットや利用の成果を訴求します。

図6-2-3　ファーストビュー

　<mark>ファーストビューでサービス概要とコンセプト、強みをダイジェストで訴求</mark>します。キービジュアルにスライドショーを採用してイメージ訴求する手法が有効な場合もありますが、このサイトのように「固定静止画」としてテキスト訴求とする場合もあります。いずれが有利であるかを考えて使い分けます。画像の世界観や表情のほうが商品サービスのよさや強みが伝わるならスライドショーで複数のイメージを見せることが向いており、商品やサービスの特徴やユーザーメリットが数字や実績、提供内容として伝えやすいなら静止画を固定してテキストでの訴求のほうが適切です。エリアや部門で首位クラスであることや、〇〇％などの具体的な数字での高実績は、信頼性につながります。「最短即日」などの訴求も、大きなユーザーメリットです。テキスト訴求の場合、単調・画一的にならないように、レイアウトや装飾でのメリハリでビジュアル性を確保することも重要な施策です。

　ファーストビューエリアに、電話番号やコンバージョンのフォームへの導線を確保します。これらは、なるべくスクロールせずに済むエリアに配置することも重要です。また、<mark>モバイル版では、電話番号はタップ発信できるようにしておきます</mark>。スマートフォンでウェブサイトを閲覧しているユーザーは、緊急性を持っている可

能性が高いからです。情報を探してサービスにたどり着いたにもかかわらず、電話番号をメモしないとコンバージョンできないのは重大な機会損失です。

　また、A/Bテストにおいて、まず最初に取り組むべき改修要素がファーストビューです。キービジュアルとしての画像をはじめとして、キャッチコピーによる訴求の確度を調整したり、CTAの位置や文言を調整するなど、即効性のあるテストを実施できるからです。キャッチコピーは、「5-3-3　ユーザーの行動を司る『影響言語』」（180ページ）で紹介した「影響言語」のタイプ別に書き換えてみると好反応が得られるかもしれません。キービジュアル内のキャッチコピーやリスティング広告のテキストをタイプ別に作成し、どの組み合わせがクリック率やコンバージョン率がよいのかを検証するのは、多変量テストの出番です。

## STEP2　問題提起・煽動

　このウェブサイトに辿り着いた意図を的確に明示することで、ユーザーがコンテンツを「自分事」として捉えられるようにします。また、コンテンツを読むことで、自分が置かれている環境の潜在的なリスクや将来的に起こる可能性があるリスク、さらには想定していなかったリスクを顕在化させることもあります。問題提起を訴えかけ、備える行動を促すことで、「見込み顧客育成」をスタートさせます。これは「ナーチャリング（見込み客育成）」という考え方です。

図6-2-4　問題提起セクション

　ランディングページでは、「なぜこの商品サービスを使うべきなのか」という「ナーチャリング」を行う必要がありますが、このセクションがそれを担っています。

　ユーザーが、「どのような環境にいるのか」「これからどうなっていくのか」「来るべきリスクに備えないとどうなってしまうのか」「チャンスを生かしていくなら、どのような目的が達成できる可能性があるのか」など、問題提起をしたり先回りして回答

するなどして、「この商品やサービスを活用すればリスクの回避や目的の達成が可能になる」ことを示していきます。

A/Bテストを行う際には、たとえばGoogle Search Consoleの「検索クエリ」機能から検索フレーズを洗い出し、来訪ユーザーの検索意図を探ります。「ユーザーは、何に困って、何を求めて、どんな成果を目指してサイトにたどり着いたのか」を検索語から再検証することで、改めてブラッシュアップ案として仮説を立てます。ウェブサイトの初期設計は仮説を立てて構成しますが、A/Bテストの場合も、アクセス解析や成果の分析から次の施策を仮説によって構成していくわけです。このテストによる検証の頻度を高く行っていくことで、コンバージョンの精度が高まっていきます。ただし、留意しなくてはならないのは、季節要因や、たまたまどれかに偏ったという結果もあり得るということです。特に、後者はアクセス数が大きくない場合には起こり得やすいものです。A/Bテストを行う際、たとえば広告予算の配分を検討する場合などでは、どれかに完全に振り切ってしまうのではなく、比重分けをするなど、様子を見ながら運用する慎重さも必要です。

## STEP3　行動喚起

ランディングページでコンバージョンを獲得するということは、「ユーザーに行動させる」ということにほかなりません。問題提起に続けて、「問題解決やリスク回避、そして目的達成のためにはどんな選択肢があるのか」を見せ、具体的な行動を促していきます。「商品やサービスを見せる」だけでは押しが足りないのです。==「商品を買うべき理由」を明確に伝え、「買う」という具体的行動を後押ししていくのがランディングページの役割==です。

図6-2-5　行動喚起セクション

==「行動喚起」は、具体的にユーザーが行動すべきことをユーザー自身に気づかせていく、大切なナーチャリング==です。そして、ユーザーが「行動を実行に移す」には、「行動すべき理由」が必要であり、「行動した結果、どうなるのか・何が得られるのか」

も把握できる必要があります。
　ランディングページ全体の構成で、「ユーザーが行動すべき理由・具体的に取るべき行動・行動した結果」をユーザーに伝えていきます。
　このセクションでも、<mark>ユーザーの検索意図とサイトのコンテンツがマッチしているかが重要</mark>です。A/Bテストの検証の際には、検索クエリを参照してユーザーが求めるキーワードを含んでいるか、ヒートマップを導入していれば該当セクションの閲覧性は高いのか、もし高くないようであれば、どのようなキーワードで、どのようなテキストにすれば、より訴求力が向上するかを考察します。

## STEP4　対象ターゲットの再定義と自覚の喚起

　この段階では「この商品は、こんな方によくお買い求めいただいています」「このサービスは、このような特徴の方に利用いただいています」というように、ターゲットとなるユーザー像を提示します。その特徴の中に、ユーザー自身が「当てはまるな」という自覚が1つでもあれば、「自分事」としての興味・関心レベルが高まります。<mark>「これは自分にピッタリの商品サービスだな」と捉えてもらうことが肝要</mark>です。

図6-2-6　行動喚起セクション

　<mark>ウェブサイトでコンバージョンにつなげるためには、来訪ユーザーがコンテンツを見て「自分事」として捉えられることが必要</mark>です。そのためには、ターゲットとなるペルソナが、どんな業種のビジネスパーソンや個人なのか、どんなライフスタイルなのか、どんな状況にある人に適しているのかなどを明示することで、「あぁ、

これは自分のためのサービスだ！」とユーザー自身が認識できるようになります。

　また、適宜、コンバージョンへの導線となるCTAを配置します。「固定スクロール」（スクロール時に、ヘッダやフッタなどを上や下に固定する表現）を採用して、セクションにかかわらずコンバージョンへの導線を常に表示されるようにするといった配慮もよいでしょう。コントラストやボタンとしての印象あるデザインとすることで、CTAであることをわかりやすく表現したり、具体的な行動を促すメッセージにしたりすることが肝要です。

　A/Bテストを導入する際には、まず来訪ユーザーがマッチしているのかを検証します。マッチしていないのであれば、もしかするとターゲット層がズレている可能性があります。その場合、ターゲット選定を見直したり、設定したターゲット層にリーチできていない可能性を考慮して集客手法を再考する必要があるかもしれません。

　また、CTAが機能しているのかを確認するため、クリック率を検証する必要もあります。そもそもCTAとして目立っているのか、クリックボタンなのであれば形状やカラーとして周囲に埋もれていないか、CTAに添えたテキストは訴求力があるか、具体的行動を促す力があるかといったことを再検証して改善しましょう。

## STEP5　自覚から共感への昇華

　購買欲を高めるための重要な心理メカニズムに「共感」という要素があります。コンテンツを読み進めていて、「そうそう、まさにこれは自分のことだ」と「納得」した上で、「このサイトが言っている論理は正しい」という「信頼」が芽生え、「共感」に進化して「まさに自分が探し求めていたものだから必要だ」という購買意欲が高まるのです。「まさに書いてある通りだ」「求めていたモノはコレだ」「これは自分のための商品だからほしい」というような「共感スイッチ」をどれだけ組み込めるかが高成果を狙うコンバージョンの要点です。

図6-2-7　自覚・共感セクション

　ユーザーが最終的にコンバージョンに至るには、「自分事」として自覚することと、「まさに自分はそれに悩んでいたんだよ。これなら問題を解決してくれそうだな、目的を達成してくれそうだな」という共感・期待が必要です。そこで、「ユーザーが陥りがちな悩み」や「解決したいと願っている問題」「達成したいと思っている目標」などをリスト形式で掲げておくと、「そうそう、コレ！」と共感しやすくなります。

　このセクションでは、商品やサービスが、問題や目的に対して「どのようにアプローチするか」「どんなメリットや付加価値があるのか」も合わせて明示しておきます。具体的であればあるほどよいでしょう。また、解決したい問題や達成したい目標と、それを実現したときの喜びやメリットの振れ幅が大きければ大きいほど、ユーザーの感謝やベネフィットも大きくなり、クチコミや拡散の原動力となります。

　A/Bテストの検証ポイントとしては、このセクションでも、設計時に打ち立てたペルソナ像と合致しているのか、そして検索意図と合致しているのかを確認します。そういった意味でも、A/Bテストとアクセス解析は切っても切れない相関関係があります。検索クエリのチェックのほか、サイト内検索フォームを設置していれば、どんなキーワードが検索されているかでユーザーの検索意図を探ることが可能です。ただし、ユーザーがサイト内検索フォームを活用する背景には、「サイト内検索フォームを使わないと、ほしい情報にたどり着けない」という兆候ともいえるので、ナビゲーションや導線の再検証が必要かもしれません。ユーザーのサイト内回遊を総合的に分析するには、ユーザーのセグメントごと、たとえばコンバージョンに至るユーザーと、コンバージョンに至らないユーザーではどんな違いがあるのかも重要な検証項目です。

## STEP6　目指す成果と料金体系

　その商品やサービスを利用した結果として、どんなことができるようになるのか、どんなことが実現できるのかという「ゴール」を見せることは、購買意欲を裏付けるために重要です。そして、機能的な結果・成果だけではなく、「付加価値として、どんなメリットが生まれるのか、どんな幸福体験ができるのか」という「ベネフィットレベル」での副次的な成果も提示します。「こんな自分になれたらいいな」という期待感を持たせることが、コンバージョンへの大きな原動力になります。コンバージョンとは、購買欲が最高潮に高まったときに生まれる、いわば「期待へのシグナル」なのです。

　また、この段階で、モチベーションが高いうちに具体的な商品価格や料金体系も明示します。「コストがわからなくては、購入を決断できない」というのは当然のことでしょう。超縦長のランディングページで、「スクロールしてもスクロールしても、なかなか料金が出てこない」というサイトを見かけることがあります。「コンテンツをしっかり読んで商品やサービスを理解してから価格を見てほしい」ということなのかもしれませんが、ユーザー視点に立てば「商品の価格が知りたいのに全然出てこない」というのは、ユーザビリティに欠けるサイトと言わざるを得ません。「しかるべき段階とタイミングでコストを表示する」ことは、大切なユーザー配慮です。

図6-2-8　料金体系セクション

ユーザーが具体的に自分がどうなるのかをイメージできたら、「自分の予算内の料金体系なのか」ということが気になります。コンバージョンに至るかどうかのハードルの1つでもあります。ユーザーの要望によって仕様が異なるので見積り算出しないと価格が出せないというサービスや、アウトラインで金額だけ伝えてしまうとよさや本来の性能・仕様を誤解されてしまう可能性のある商品は、「問い合わせ」というマイクロコンバージョンを設定し、営業で実際のコンバージョンに至らせるという商談ステップが必要かもしれません。最後の最後でようやく価格が表示されるという形式のランディングページを見かけることもありますが、購買意欲を削ぐ可能性があるので注意が必要です。

　料金体系については、ビジネス戦略の根幹であり、ウェブサイトの設計時に競合の調査を入念に行い、ポジショニングに基づいて決定されているはずです。しかし、市場は、まさに「生き物」であり、新たな競合の台頭・参入によって、競合の料金体系が変わってくる可能性が常に存在しています。また、直接競合だけでなく、間接競合のサービスが影響して、ユーザーの価値観や相場観が変わってくることも常に視野に入れておく必要があります。したがって、A/Bテストでは、コンテンツ面での改善だけでなく、料金体系やポジショニングが現状でも通用するのか、戦略面での方向性に軌道修正は必要ないのか・最適化できているのかを常に意識しておきましょう。

## STEP7　選ばれる理由とエビデンス

　競合ではなく、自社サイトや自社商品・サービスなのかという「選ばれる理由」「選ぶべき理由」を明示して、購買行動を後押しします。ユーザーには「買わなくて済むものは買わない」「極力出費は抑えたい」という防衛本能が潜在意識にあるものなので、消費行動の際には「買わない理由探し」をしがちです。このような「買わない理由を打ち消す」ことが、ウェブサイトのコンテンツが担うべき大切な役割です。

　また、「エビデンス」（証拠・証明）も、購買への信頼・安心感を伝える大切な要素です。エリアで首位であること、満足度の割合など、数字的な裏付けもエビデンスとして有効です。他社製品との比較データ、公的な証明や資格、特許など、「これなら買っても安心」とユーザーが思える要素を揃えたいものです。これは、ウェブコンテンツ以外でも有効であるため、普段から意識しておくべき要素です。

図6-2-9　エビデンスセクション

　競合ではなく自社を、いつかではなく今すぐ、注文や依頼する理由といった「選ばれる理由」を明示することは、ユーザーのコンバージョンを促す原動力となります。

「3つの理由」「5つの理由」といったように、明確かつシンプルにまとめるのがポイントです。

また、==証明や裏付けも添えておくと信頼性が伴います==。「注文・依頼しても大丈夫」という安心感を訴求したいものです。「プロフィール」を掲載することも、重要な「選ばれる理由」であり「エビデンス」となります。「どんな人が、この商品サービスを手掛けているのか」という関連付けは、信頼への第一歩です。そのためにも、プロフィールは「専門性を感じるポジション」として描きたいものです。たとえば、そのポジションに至るまでの苦労話は、信頼性や専門性を高めるよいエッセンスとなります。いわゆる「山と谷」を盛り込むとプロフィールが物語性のあるシナリオに映り、ユーザーの共感も得られやすくなります。

プロフィールについては、「信頼となる実績」をどれだけ盛り込めるか、いかに魅力的なプロフィールに仕上げられるかが焦点です。したがって、A/Bテストだけでブラッシュアップしていくのではなく、==訴求につながる実績やエビデンスが増えれば随時追加していくという積極的なスタンスが重要==です。

## STEP8　付加価値とメリットオファー

この段階まで進むと、ユーザーの購買意欲が高まっていると期待できます。ここで==コンバージョンへの行動意欲を後押しするのが、「ベネフィット」（付加価値）です==。さらに、具体的なユーザーメリットを付け加えると、コンバージョンの確度が高まります。たとえば、「購買特典を付ける」「先着購買者限定のメリットがある」といった特典です。こういった特定の条件での割引や限定サービスは「オファー」と呼ばれます。

また、初回の訪問でコンバージョンに至らない場合でも、「ステップメール」やメールマガジンで関係性の構築ができるように、==オプトインによるメールアドレスの取得を行いたい==ものです。「ステップメール」とは、特定のメールアドレスリストに対して、あらかじめ設定した日時に、設定した内容のメールを段階的に送るシステムのことです。これを実施するには、「アスメル」(https://www.jidoumail.com/)などのステップメール配信システムを利用するのが便利です。

図6-2-10　メリットオファーセクション

　このセクションによって、「商品やサービスの提供だけでなく『おまけ』もついてくる」というサービス精神を感じてくれれば、ユーザーは親近感を憶えやすくなるものです。「アフターケア」や「購入後のサポート」などを記載しておけば、付加価値力も高まります。「おまけ」としてウェブプロモーションでよく使われる手法が「特典」です。本来の価格以上に、商品やサービスを「プラスα」として提供することで、コンバージョンを促す手法です。

　最初は無料で商品やサービスを提供し、使用感を確かめてもらってから、もしくはユーザーにとって「お金を払ってでも必要なもの」と認知してもらってから課金に至る「フリーミアム」モデルもよく使われる手法です。「無料でサンプル提供」といったサービスもよく見られますが、その場合はサンプルや送料などのコストが発生します。つまり、サンプルを無料で提供した時点で相応の赤字が発生するわけですが、それでも、このモデルが成立するのは、「無料サンプルを受け取ったユーザーの〇％が、その後の購入に至って、平均〇〇円消費する」という確率と統計でのマーケティングが伴っているからです。これは「ユーザーが顧客となって、顧客としての寿命を終えるまでに、自社でいくら購買してくれるか」という「ライフタイムバリュー(LTV)」と呼ばれる概念に基づいています。LTVと顧客転換率がわかれば、無料配布やプロモーションにどれだけのコストを掛けられるかということも把握しやすくなります。

　このように、メリットを提供するには、供給側も最終的にはコンバージョンや継続的なリピートにつながらないと実施の意義がなくなるので、メールアドレスを受け取ってリスト化するといった「顧客情報を資産化する」などの施策が必要です。

　オファーについて、たとえば特典などは、バリエーションを用意すると、特典へ

の反応率を検証できます。どのオファーや特典がユーザーにとって魅力的に映ったかどうかは大切な検証事項であり、コンバージョンに結び付く重要なテストです。

## STEP9　顧客の声

　ユーザーの購買への信頼を育てるために、「顧客の声」や「ユーザーの感想」といったコンテンツが有効です。ウェブサイト内のコンテンツのほとんどは、作り手・売り手の立場からの発信です。しかし、「顧客の声」は「ユーザーの立場からのコンテンツ」です。特に、自分と環境・境遇・目的・用途などが近いユーザーの声が「利用実績」として掲載されると、共感力も高まるので、なるべく多くのケースを掲載したいものです。また、匿名の意見ばかりでは信憑性を疑われる可能性もあるので、ユーザーの顔写真や実名を掲載できることがベストです。そこまでできなくても、たとえばアンケートなどであれば、実際の手書きの回答を画像として載せるといった工夫も行えます。その場合は、画像だけでなく要約した内容をテキストで掲載すれば、SEOとしても有効です。

　一般ユーザーの声だけでなく、著名人や芸能人の使用実績を掲載する手法もよく使われます。また、権威（専門家や有識者など）からの推薦も、ユーザーの信頼性を高める有効な手段です。

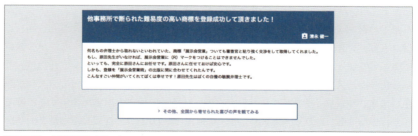

図6-2-11　顧客の声セクション

　フレームワークの解説のところでも触れたように、「顧客の声」や「ユーザーレビュー」は、ユーザーの購買判断の要素になります。サービス導入当初は、いかに「顧客の声」を集められるかが自社の商品サービスのブラッシュアップの重要な情報になります。また、ウェブプロモーションにおける信頼性を向上させるための資産ともなります。特に新規の商品やサービスでは、「モニター価格」で提供し、その見返りとしてレビューを書いてもらって掲載するという手法もよく用いられます。

　「顧客の声」が多数集まっているのであれば、一部をランディングページに掲載し、「もっと見る」「詳細はこちら」といったリンクから多数掲載した下層ページを閲覧さ

せるのも一手です。「ランディングページでは、即座にコンバージョンを狙うものなので、下層ページに遷移して離脱するリスクを取るべきではない」という考え方もありますが、下層ページを持たない単ページのランディングページではキーワード上位化が難しいので、自然検索による流入は難しいかもしれません。その場合は、割り切ってリスティング広告による広告集客などに頼る必要があります。予算の都合がつけば、リスティング広告用のランディングページと、検索上位を狙うサイトは切り分けるのがよいでしょう。

## STEP10　発注前の重要要素「取引の流れ」を確認

　ユーザーにとって、サービス利用の際に「どんな流れやスケジュールでサービス提供が行われるか」ということは重要な関心事項です。オーダーを決定してからサービス提供完了まで、具体的にどんなステップで進んでいくのかをフローチャートなどで明示するようにしましょう。また、たとえば、問い合わせや相談申込獲得がコンバージョンなのであれば、「どこまでのステップが無料で、どこから有償サービスになるのか」を明示しておくと、ユーザーとしても安心してコンバージョンに向かいやすくなります。

　ウェブサイトが担う大切な役割として「ユーザーの疑問や不安を払拭すること」が挙げられます。したがって、「取引の流れ」を確認できるコンテンツは重要なのです。

図6-2-12　取引の流れセクション

　業種や商品サービスにもよりますが、「オーダー・依頼した後に、どんな流れで商品提供や役務提供されるのか」ということは、ユーザーの重要な確認事項です。図6-2-12のように視覚的にわかりやすく、フローチャートなどを活用して可視化するのが安心につながります。

　ランディングページでダイジェストのフローチャートを見せておき、下層ページで詳細を記載することで納得性を高めてコンバージョンに至らせるという導線も有効でしょう。

　サイトをリリースしたあとで取引について質問が届くようであれば、このセクションにわかりづらさがあるのかもしれません。そういった見込み顧客ユーザーの「生の声」をサイトに反映していくのは、サイト改善として重要な施策です。

226　　**6**　ウェブテストを支えるコンセプトと技術

## STEP11　Q＆A・ブログ連携

### Q&A

　ランディングページに限らず、ウェブサイトにおいて、Q&Aは重要な役割を担っています。アクセス解析の結果からも、Q&Aコンテンツの注目度が高いことがわかります。

　==Q&Aを掲載することによって、ユーザーが疑問に感じたことを問い合わせずに解決できるというメリットを提供できますが、同時に「事業者サイドが同じ質問に何度も応対する手間を省ける」ということでもある==のです。

　また、Q&Aコンテンツは、事業キーワードを多分に含んでテキストボリュームを増加できるので、SEO的な効果を望めるので「一石三鳥」なのです。

図6-2-13　Q＆Aセクション

　「Q＆A」や「よくある質問」を明示しておくメリットは、前述の通りです。ランディングページ＋下層ページ型のサイトでは、特に代表的な項目をランディングページに掲載しておき、それ以外の内容は下層ページに掲載しておくという手法もよく使われます。

### ブログ連携

　ランディングページの中にサイト内ブログを設置して自動連携させるのも、CMSを導入しているサイトではよく使われる手法です。特にリピート性のある商品を扱っている場合には、コンテンツの新鮮度を演出できるという効果もあります。

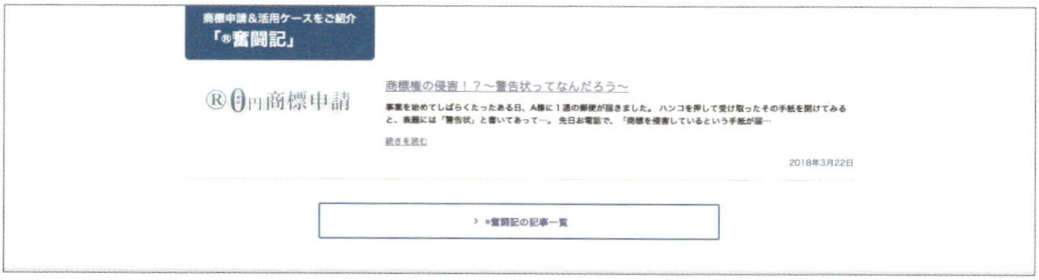

**図6-2-14　ブログ連携セクション**

　サイト内ブログの狙いは、ランディングページだけでは拾いきれない「スモールキーワードでの検索流入」をいかに獲得できるかということです。また、有用な記事であれば、過去のコンテンツにも検索ヒットによる一定のアクセスが常時あり、アクセスのボトムアップにつながるという「ロングテールキーワード」を生み出すこともポイントです。このとき、「ロングテールキーワード」とのもととなる「ヒット記事」を見つけたら、そのキーワードの関連記事を展開していき、さらなるボトムアップを狙っていくこともコンテンツ運用としては重要です。

## STEP12　注意喚起・プロミスからクロージング

　締めくくりのクロージングセクションです。ここでは、「ユーザーのコンバージョンへの行動を後押しするラストメッセージ」を語り掛けます。また、たとえば自社の商品サービスの対象から外れるユーザー像や、実はコンバージョンしてほしくないユーザー像に言及することで、「不幸せなマッチング」に回避するという役割を持たせるのも一手です。コンバージョンに至ったとしても、高い満足度を望めない可能性があるのであれば、クレームやネガティブなクチコミの元となりかねないからです。

　また、「ブランドプロミス」として、ユーザーとの約束ごとを明示し、コンバージョンへの安心感や信頼感を高めることも有効です。クロージングは、ユーザーのコンバージョン行動を喚起し、具体行動を促すメッセージとCTAで締めくくるのがポイントです。

図6-2-15　注意喚起・プロミスセクション

　クロージングセクションは、「選ぶべき理由」を再度アピールして行動を促すことが主な狙いです。このランディングページは商標申請をテーマにしたサービスなので、競合がどのようなサービス提供を行なっているかや業界ではどんな扱いが標準なのかを挙げながら、競合との差別化、自社の強みや独自性をアピールしています。つまり、「競合ではなく自社を選ぶべき理由を掲げながら、ユーザーが得られる安心感とメリットを訴求」しているわけです。単に競合を批判するというのではなく、あくまでも客観的な事例として挙げながら、自社ではどんなサービスを提供していて、それがユーザーにとってどんな意義・価値を持つことなのかという視点で訴求しています。

最後のセクションでは、ユーザーへのメッセージで締めくくります。コンバージョンに向けた行動を促すことと、CTAを入れることを忘れないようにしましょう。

　クロージングセクションのみならず、サイト全体でのテスト検証として、「なぜコンバージョンに至らないのか」ということも大切ですが、「コンバージョンに至った決め手」となった要素や理由をヒアリングするというのも、大切な改善リサーチです。コンバージョンしている理由がわかれば、それをもっとアピールできるのかという改善を行い、成果の最大化につなげられるからです。コンバージョンは、必ずしもオンライン経由で発生するとは限りません。電話やファックスの場合もあれば、店舗も運営しているならO2O（オンライン・トゥ・オフライン）の形でサイト訪問からコンバージョンに至る場合もあるでしょう。このようなオフラインでもユーザーとのコミュニケーションをはかり、コンバージョンに至った要因を探ります。その際のヒアリング事項は、あらかじめリスト化しておくことで、オンラインに活かせるデータ資産となります。あらゆる角度から検証を行い、そしてテストや改善ブラッシュアップに反映できるようにデータ化することが肝心です。

## 12STEPフレームワークのまとめ

　ウェブテストに活かす「ランディングページ鉄板12STEPフレームワーク」による改善ポイントは、次の5つです。

1. ペルソナ像に「ズレ」がないかを検証する
2. ユーザーの検索意図とサイトコンテンツのマッチングや導線を検証する
3. ビジネスとしてのポジショニングは最適化できているかを常に確認する
4. コンバージョンに至らない理由だけではなく、至った理由を把握する
5. オンラインだけでなくオフラインでのコンバージョンもデータ資産化し、活かす

# データの可視化

## 6-3-1 Googleデータポータルによる可視化

　ここでは、「Googleデータポータル」(旧データスタジオ)を使った、テスト結果を可視化する例を紹介していきます。この設定を行うと、実施中のA/Bテスト状況を多角的に可視化してチームメンバーや上司と共有できます。Googleオプティマイズのレポート画面でもデータ集計はされていますが、柔軟な条件でデータを抽出したり、色付けやデザインを加えたりして魅力的に見せることができます。

図6-3-1　完成イメージ

　具体的には、Googleデータポータルから Google スプレッドシートに接続し、そこから Google アナリティクスのデータ(オプティマイズのテスト ID)を呼び出すという手法です。各ツールの詳細の手順は割愛するので、実際の設定で困った場合は、各ツールのヘルプページなどを参照してください。

### step by step

1. まずは今回可視化するテストデータを確認してみましょう。このテストは「(Googleではない)純広告のデザインを変更することで広告クリック数を上げたい」という目的のテストでした。Googleオプティマイズのエクスペリエンス画面右側のテスト ID を使用するので、メモしておきます。

6-3　データの可視化　　231

図6-3-2 オプティマイズのエクスペリエンス画面右側のテストIDを使用する

2. 新規のGoogleスプレッドシートを開きます。

図6-3-3 新規のGoogleスプレッドシートを開く

> **HINT：Googleスプレッドシートにアドオンを追加しておく**
> ここでは、Googleスプレッドシートに「Google Analytics」というアドオンを追加した状態で作業をしています。追加するには、Googleスプレッドシートの「アドオン」メニューの「アドオンを取得」を開き、「Google Analytics」で検索すれば見つかるので、「＋無料」ボタンを押して導入してください。

3. 新規のスプレッドシートのメニューから「アドオン＞Google Analytics」と進み、「Create new reort」を選択します。

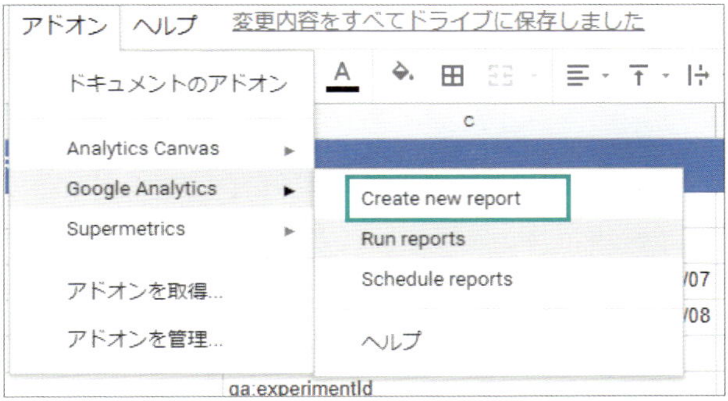

図6-3-4　GoogleスプレッドシートからGoogleアナリティクスのアドオンを呼び出す

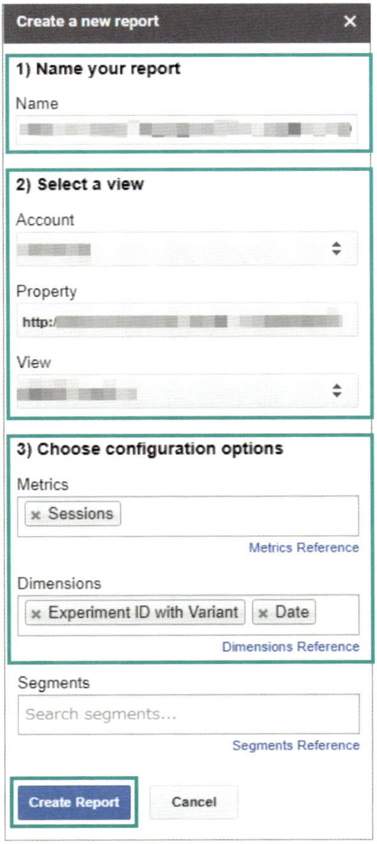

図6-3-5　GoogleスプレッドシートのアドオンからGoogleアナリティクスのビューと指標などを指定

6-3　データの可視化　233

- Name your report：任意の名前を付ける
- Select a view：データを呼び出したいGoogleアナリティクスのアカウント、プロパティ、ビューを指定
- Choose configuration options：指標（Metrics）、ディメンションを指定

　ディメンション設定がポイントです。次のように、Googleオプティマイズのテス卜IDに関連するディメンションを設定します。

- experiment Id：テストID
- experiment Variant：パターン番号
- experiment Combination：IDとパターン番号の組み合わせ

　あとでも調整できるので、いずれかを設定すれば問題ありません。設定したら「Create Report」という青いボタンを押します。

4. スプレッドシート上で指標などを調整します。セッションに加えて、クリックイベントを日別に取得するため、次のように設定しました。設定したら再度アドオンの「Run Report」ボタンを押して再集計します。

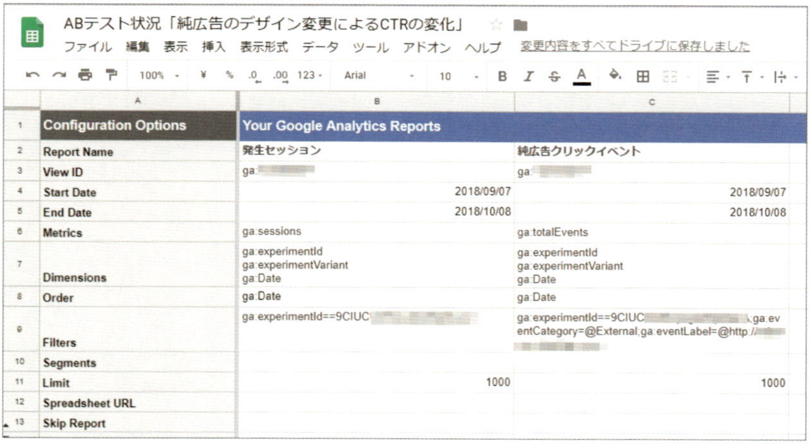

図6-3-6　スプレッドシート上で指標を調整

> HINT：ディメンションやフィルタで使っている「ga:XXXXX」などの書き方は、「Google レポーティングAPI」に準拠しています。公式リファレンスを参照しながら設定してみましょう。
> https://developers.google.com/analytics/devguides/reporting/core/v3/reference?hl=ja#

5. 自動集計の設定を行います。長く続けるA/Bテストの場合、Googleスプレッドシートのメニューから「アドオン ＞ Google Analytics」と進み、「Schedule reports」で自動集計を設定しておくと便利です。

図6-3-7　**Schedule reports画面**

6. 「Googleデータポータル」(https://datastudio.google.com/)で、新規のレポートを開きます。

図6-3-8　**新規のレポートを立ち上げます**

　開いた新規レポートの右下の「＋新しいデータソースを作成」をクリックします。レポートのタイトルも、この画面で設定しておきます。

図6-3-9　データソースの呼び出し

　スプレッドシートのデータソースを呼び出し、「選択」をクリックします。

図6-3-10　スプレッドシートを呼び出す

　さらに、スプレッドシート内のシートやセルを指定し、右上の「接続」ボタンを押します。

図6-3-11　スプレッドシート内のシートやセルを指定する

**6**　ウェブテストを支えるコンセプトと技術

これで、GoogleデータポータルからGoogleスプレッドシートに接続できます。

## グラフの作成

Googleデータポータルでグラフを描画する詳細の手法は割愛しますが、どのような設定をしたのかを紹介しておきましょう。

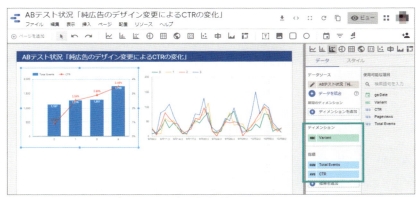

図6-3-12　**Googleデータポータルによるグラフ作成の例**

左側の棒グラフと折れ線グラフの混合グラフでは、[指標] クリック数合計とCTR平均を、[ディメンション] パターン(Variant)ごとに集計しました。右側の折れ線グラフはさらに「日別」のディメンションを追加しています。

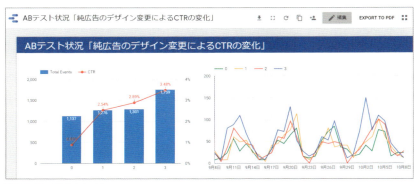

図6-3-13　**完成イメージ**

# INDEX

**記号・数字**

_blank ……………………… 111, 112
<a> ………………………………… 106
<video> ………………………… 119
3C分析 ………………………… 200, 201
3秒ルール ……………………… 171
4C分析 …………………………… 201
4P分析 …………………………… 201
5F分析 …………………………… 201
5フォース分析 ………………… 202

**A・B**

Action ………………… 168, 170, 171, 207〜209
Actionable …………………… 005
AIDMA ………………………… 207, 208
AISAS …………………………… 208, 209
AISCEAS ……………………… 209
Android ……………………… 084, 126
Attention ……………… 207〜209
background …………………… 105
border …………………………… 105
bottom ………………………… 105

**C・D**

Campaign URL Builder ……… 134
charset属性 …………………… 049
Chrome OS …………………… 084
CMS ……………………………… 228
color ……………………………… 105
Comparison …………………… 209

Cookie ………………… 024, 026, 082, 085, 128
CSS …………… 101, 104, 105, 109, 117〜120, 124, 194
CTA …………… 009, 013, 170〜172, 182, 208, 214, 217, 228, 230
dataLayer ……………………… 089
DEPLOY LEADER …………… 099
Desire …………………………… 207, 208
DESTINATION ……………… 106, 111
display属性 …………………… 113
DRM ……………………………… 184

**E・F**

Examination ………………… 209
External Link ……………… 070, 071
Facebook ……………………… 010
Firefox ………………………… 084
Flashing ……………………… 028
Flicker Effect ……………… 028
float ……………………………… 105
font-family …………………… 105
font-size ……………………… 105, 110
font-weight …………………… 105

**G・H**

Google Search Console ……… 229
Google広告 ………………… 080〜082
Googleデータポータル
 ………… 022〜023, 231, 235, 237
head要素 ……………………… 085
height …………………………… 105
href属性 ……………………… 106, 111
HTML ………… 062, 101, 105, 106, 111, 119〜122, 124, 194

238

HTMLエラー ……………………………… 120
HTML構造 …………… 104, 116, 123
HTMLコーダー ………………………… 022
HTMLファイル ………………………… 027

### I・J・K

Interest ……………………… 207〜209
Internet Explorer …………………… 084
iOS ………………… 084, 098, 099
iPhone ………………………………… 085
IPアドレス ……………………………… 083
Iビームポインタ ……………………… 107
JavaScript ……………… 024, 026,
　　　　　　　085〜087, 089, 101,
　　　　　　　　　105, 106, 122, 194
jQuery ………………………………… 122
KPI ……………… 005, 006, 020, 057

### L・M・N

left ……………………………………… 105
line-height …………………………… 105
Linux …………………………………… 084
LOCATION …………………………… 105
LPO …………………………… 184, 185
LTV ……………………………………… 223
Measurable …………………………… 005
Memory …………………… 207, 208
meta要素 ……………………………… 049
MultiVariate Test ………………… 094
MVT ………………… 026, 094, 095
Nexus ……………………… 085, 126
none …………………………………… 113

### O・P

O2O …………………………………… 230

opacity ………………………………… 105
Opera …………………………………… 084
OS ………………… 024, 084, 125, 128
overflow ……………………………… 105
Page Flicker ………………………… 028
PDCA …………………………………… 168
PDCAサイクル ……………… 165, 168,
　　　　　　　170, 171, 200, 204
Ptengine ……………………………… 162
Realistic ………………………… 005, 006

### R・S

return文 …………………… 086, 087
right …………………………………… 105
Safari …………………………………… 084
Search ……………………… 208, 209
SEM …………………………… 169, 174
SEO …………………… 018, 027, 169,
　　　　　　　　　　　211, 224, 227
Share ……………………… 208, 209
SMART ……………………… 005, 006
SOURCE ……………………………… 106
Specific ……………………………… 005
src属性 ………………………………… 106
switch ………………………………… 122

### T・U

target属性 ………………… 111, 112
text-align …………………………… 105
text-decoration …………………… 105
Time-bound ……………… 005, 006
top ……………………………………… 105
Twitter ………………………………… 010
UA ………………… 103, 124, 126
URLフラグメント …………………… 079

User Agent ……………………… 103
User Heat ……………………… 162

## V・W・X・Z

vertical-align ………………… 105
white-space …………………… 105
width ……………………………… 105
Windows ………………………… 084
Windows Phone ……………… 084
word-spacing ………………… 105
Xperia …………………………… 085
z-index …………………………… 105

## あ行

アイキャッチ …………………… 094
アクセス解析 ……… 002, 168〜170,
　　　　　　　　　　 215, 218, 227
アクセス解析ツール・005, 010, 022
アクティビティ ……………… 035, 036
アクティブユーザー ………………… 136
アップセル ……………………… 204
アテンションヒートマップ ………… 162
アドオン ……… 023, 232, 233〜235
アプリバー …………… 062, 064, 103,
　　　　　　　　　 105, 108, 116, 117
アラート ………………………… 104
アンパサンド …………………… 087
インサイト ………… 002〜004, 205
インタラクティブモード
　　　　…………………… 064, 065, 104
インパクトファースト ……………… 012
影響言語 …………… 180〜182, 214
エクスペリエンス ………………… 018,
　　　　　　 035〜039, 056, 059,
　　　　　　 060, 095, 098, 100, 231

エクスペリエンスID ……………… 100
エディタパネル ………………… 062, 063
エディタパレット ………… 103〜105,
　　　　　　　　　　　 109, 111, 112
エビデンス ……………… 210, 220, 222
演算子 …………………………… 079, 090
オーガニック ………………… 159, 184
オーガニック検索 ………………… 185
オファー ……… 208, 210, 222〜224
オプトイン ……………………… 222

## か行

カート落ち ……………………… 080
改善インパクト ………………… 010
改善指標 …………… 154〜156, 164
解像度 ……………………… 125, 128
階層モデル ……………………… 146
外的基準型 …………………… 181, 182
外部要因 ………………………… 008
外部リンク ……………………… 111
拡張機能 ……… 051, 052, 101, 127
カスタマイズ ………… 018, 024, 050,
　　　　　　　　　　　　 098〜100, 125
カスタマージャーニーマップ …… 204
カスタム変数 ………………… 085, 089
画像要素 ………………… 106, 119
カルーセル ……………………… 175
感情段階 ………………… 207〜209
キャッチコピー ……… 013, 095, 107,
　　　　　　　　170, 172, 177, 179〜181,
　　　　　　　　191, 205, 213, 214
キャッチフレーズ ………………… 013
キャンペーン ………… 080, 081, 087,
　　　　　　　　　　　 098, 122, 134, 158
共感スイッチ …………………… 217
共通認識 ……… 005, 169, 187, 192

クエスチョンマーク ............... 087
クエリパラメータ ............ 024, 079, 087, 088
クチコミ ............... 209, 218, 228
国 ............................... 084
クラス ..................... 118, 213
クリーン ........................ 118
クリックヒートマップ ............ 162
グローバルナビ ............ 056, 171, 177, 186
クロスセル ..................... 204
クロスドメイントラッキング ...... 047
現在の選択 ............ 103, 104, 106
広告グループ ................... 080
行動 ............ 082, 083, 141, 204
行動原理 .................. 002, 006
行動指標 ............ 157, 160, 164
行動段階 ................ 207〜209
顧客単価 ....................... 085
顧客満足度 ..................... 005
コミュニケーションデザイン ...... 204
コロン ......................... 089
コンセプトダイアグラム .......... 204
コンテキストモデル .............. 146
コンバージョン指標 ....... 154〜157, 164

### さ行

ザイオンス効果 .................. 203
最適である確率 ...... 140, 154〜156
催眠言語 ....................... 182
サミュエル・ローランド・ホール .... 207
参照元 ................ 024, 083, 135
シーケンス ..................... 157
事業ドメイン ............ 177〜179, 203, 206

自然検索 ............... 156, 159, 225
持続的変化モデル ................ 146
自分事 ..... 183, 207, 214, 216, 218
自由に移動 ................ 104, 116
重要業績評価指標 ................ 005
主目標 .......... 065, 139, 154〜156, 163, 164, 166
純広告 ......................... 231
叙法助動詞モデル ................ 182
資料請求 .............. 004, 182, 200
ステップメール .................. 222
スモールキーワード .......... 211, 228
スライダー ..................... 175
スライドショー ............. 104, 125, 175, 176, 213
成果指標 ....................... 014
正規表現 ............... 070, 079, 083
生産管理 ....................... 168
セグメント ............. 022, 058, 100, 143〜145, 156〜160, 163, 164, 184, 218
全体最適 ....................... 014
前提モデル ..................... 182
先入観 ......................... 003
総合分析 .................. 163, 164

### た行

大都市圏 ....................... 084
大なり記号 ..................... 104
タイポグラフィ ............. 105, 109
ダイレクトレスポンスマーケティング
............................... 184
タッチポイント .................. 204
多変量テスト ‥ 008, 009, 026, 077, 094〜097, 147, 184, 214

地域 ……………… 010, 24, 26, 32, 83, 84, 156, 161
中間成果 ………………………… 014
直接指標 ………………………… 014
直帰率 ……… 014, 143, 157～160, 171, 184, 185
チラツキの問題 ………… 028, 047
ディスプレイネットワーク ……… 081
ディメンション ……… 023, 085, 105, 234, 235, 237
データドリブン ………………… 002
データレイヤー変数 ………… 024, 089～091
テキストエディタ …… 048, 101, 107
テスト管理表 …………… 152, 153
デバイスカテゴリ …… 024, 073, 085, 124
デベロッパーツール ……… 086, 134
テレビCM ……………………… 161
動画要素 ………………………… 119
投資対効果 …………………… 007
都市 ……………… 024, 083, 084
ドラッグ＆ドロップ ……… 023, 051, 063, 114
トラフィック ………… 012, 014, 056, 057, 135, 146
トランザクションデータ ……… 089
トリガー ………………………… 045
トンマナ ………………………… 178
トーン＆マナー ………………… 178

### な行

ナーチャリング ………… 214, 215
内的基準型 ……………………… 181
内部リンク …………… 111, 211
入力補助機能 …………… 013, 191
認知段階 ………………… 207～209

### は行

バイアス ………………………… 003
背景 ……………… 063, 105, 172, 218
バイラル ………………………… 209
パス ………………… 078, 079, 096
パターンの比重 ……… 073, 074, 148
ハッシュマーク ………………… 087
ヒートマップ ………… 162, 173, 216
ビジュアルエディタ …………… 051, 062～064, 094, 097, 101, 103, 104, 107, 117, 126, 130, 194
品質管理 ………………………… 168
ファーストパーティCookie …… 024, 085, 086
ファーストビュー …… 003, 004, 013, 170～174, 177, 191～195, 213, 214
付加価値 ……… 189, 202, 206, 208, 210, 218, 219, 222, 223
副目標 ………… 065, 067, 142, 155, 156, 163, 164, 166
部分最適 ………………………… 014
ブランドプロミス ……………… 228
フリーミアム …………………… 223
フリッカーエフェクト …………… 028
プルダウンメニュー …………… 104
フローチャート ………… 225, 226
プロパティ ……… 030, 040～043, 055, 080～082, 105, 234
分析軸 ……………… 154, 156, 161
分配率 ……………………… 074, 148
ベイズ推定 ……………………… 146

242

ページ非表示スニペット ………… 028, 047, 049, 050
ページフリッカー …… 028, 042, 043, 047, 076
ペルソナ ……… 169, 172, 177〜179, 203〜206, 216, 218, 230
変更リスト …………… 103, 108, 110, 113, 115, 120
母集団 …………………………… 014
ホスト ……………………… 078, 079

### ま行

マイクロコンバージョン ………… 220
マイクロリニューアル ……………… 170
マッチタイプ ………… 073, 079, 086
ミエルカヒートマップ ……………… 162
見出し ………………… 013, 056, 094, 095, 142, 206
ミルトン・エリクソン ………………… 182
ミルトンモデル ……………………… 182
メインビジュアル ………… 095, 177, 190〜192, 195, 196
メディアクエリ …………………… 123
目的志向型 ………………… 180, 181
問題回避型 ………………… 180〜182

### や行

ユーザーインサイト ……………… 205
ユーザーエージェント …… 084, 103, 124, 126
ユーザーレビュー ………………… 224
ユーザビリティ ……………… 186, 187, 193, 219
ユーティリティ …………………… 187

### ら行・わ行

ライフタイムバリュー ……………… 223
らせん階段 ………………………… 168
ランディングページ ……… 008, 009, 012, 056, 057, 078, 096, 107, 111, 155, 159, 161, 182〜185, 190, 210〜212, 214〜216, 219, 220, 224〜230
ランディングページオプティマイゼーション ………………………… 184
ランペ ……………………………… 184
リーダー ………… 099, 100, 138, 155
リスティング広告 …… 159, 180, 184, 185, 209, 214, 225
リターゲティング広告 ……………… 209
リダイレクトテスト ……… 008, 009, 028, 077, 096, 97, 162
リマーケティング広告 ……………… 209
リンク要素 ………… 106, 111, 112
レイアウト …………… 105, 171, 172, 186, 189, 192, 213
レギュレーション ………………… 197
レスポンシブウェブデザイン
 ………………………… 123, 124
レンダリング ……………… 027, 113
ロスカット ………………………… 170
ロングテールキーワード …… 211, 228
ワイヤーフレーム ………… 185〜189, 192〜194
枠線 ………………………… 023, 105

## おわりに

　ウェブサイトを使ってビジネスをしている方の多くは、よりよいユーザー体験を届けるにはどうしたらよいのかを日々考えていることでしょう。本書には、そうした方々にGoogleオプティマイズという1つの答えを提示するとともに、ウェブテストという手法について知ってもらいたいという願いが込められています。Googleオプティマイズは、これまでのウェブテスト手法に比べて、圧倒的に低コストで簡単にパターンの作成から分析までできるようになった革新的なツールです。

　しかし、簡単にテストができるからといって、仮説のないテストは意味がないどころか、時間を無駄にしたり、指標に悪影響を与えてしまうことさえあります。本書は、単にGoogleオプティマイズの使い方を説明するのではなく、正しいテストの行い方やテストに対する考え方を理解してから、テストを実施するという構成になっています。なぜなら、テストにおいてもっとも重要である仮説を立てて設計をしたり、レポートをもとに判断をしたりといったことは、私たち人間が行わなければいけないからです。

　また、マーケターだけでなく、デザイナーやエンジニア、ライターといった職種に関係なく、たくさんの人にGoogleオプティマイズを使ってもらいたいという願いも込められています。

　弊社では、筆者が率先してGoogleオプティマイズを使いまくりました。そして、簡単にテストが実行できることや分析が容易であること、成果につながることを発信していきました。すると、社内から「私も使ってみたい」という声が徐々に増え、社内勉強会などを通して使える人が増えていきました。今では、筆者一人では回せない数のテストが実行されていたり、エンジニアやデザイナーの手を借りないと難しいようなパターンのテストや筆者がまったく考えもしなかった仮説をもとにしたテストが実行されていたりします。

　この種のツールは、誰かが切り開き、広めていくことで、理解者が増え、それに伴ってスピードや視点、精度、手数といった点で有利に働き、成果が出しやすくなると考えています。本書を読んだ皆さんは、正しいテストを実行する中心人物として、Googleオプティマイズの伝道師になり、ウェブテストの重要性と有効性、そして、おもしろさを広めていってください。

2018年11月
著者を代表して　針替 健太

## 著者プロフィール

### 井水 大輔（いみず だいすけ）　[Chapter 1担当]

上場企業にて中小企業のウェブサイトサポートを数多く経験したのち、2011年に株式会社S-FACTORYを設立。ウェブコンテンツの制作や運用コンサルティングを中心に、企業の「作戦」を練り実行を支援。ビジネスに成果を出す仕組みづくりで売り上げ向上に貢献している。そのかたわら、WACAウェブ解析士認定講師として、大手広告代理店をはじめ、ウェブ制作会社、PCスクールなどのウェブマーケティングを活用する人達の育成にも力を入れている。LinkedInラーニングトレーナー。WACA認定ウェブ解析士マスター。著書・寄稿として、『Googleデータスタジオによるレポート作成の教科書』（共著）『ウェブ解析士認定試験公式テキスト』（共著）、『Web担当者forum』『Web Designing』『テレコムフォーラム』など、多数。
大阪府出身。趣味は旅とバスケ。

### 大柄 優太（おおがら ゆうた）　[Chapter 2-4担当]

1987年生まれ、栃木県出身。ウェブコンサルタントとして、事業の計画立案やウェブ広告・SNS運用を中心とした集客施策で企業を支援している。アクセス解析を元にした売り上げ改善の仕組みづくりを得意としており、WACA認定ウェブ解析士マスターとして大学や各種セミナーで登壇し、デジタルマーケティングに関する講義なども行っている。

### 工藤 麻里（くどう まり）　[Chapter 2-1〜3、6-3担当]

株式会社リクルートにてログシステムの担当や『webR25』のメディア担当を経験後、現在はウェブメディアの基盤システム「Media Weaver（メディア・ウィーバー）」を提供する株式会社日本ビジネスプレスにて、ウェブ解析やA/Bテストの知見を提供し、『JBpress』(http://jbpress.ismedia.jp/) および各メディア向けのグロースハックに挑戦中。株式会社HAPPY ANALYTICSにて、本書の監修者である小川卓の秘書も務める。

### 瀧 里絵（たき りえ）　[Chapter 4、5-5担当]

2009年より、NRIネットコム株式会社に勤務。大手電気メーカーグループ会社を経て、2005年に野村総合研究所グループに入社。ウェブディレクターとして、大手クレジットカード会社、損害保険会社、自動車メーカーなどのウェブサイト構築・運用などを担当。その後、デジタルマーケティング分野に転身。現在は、大手家電メーカー、建材メーカー、自動車メーカーなどのデジタル広告運用やウェブサイト分析などを担当し、企業のデジタルマーケティング活動を支援。

### 針替 健太（はりがえ けんた）　[Chapter 3担当]

学生の頃から個人でメディア運営を行っており、そのままアフィリエイトで食べていくか釣具屋さんに就職するか迷っているときに、たまたま就活イベントで誘われた

ナイル株式会社に入社。個人メディアで培ったノウハウを元に、国内最大級のアプリ情報メディア『Appliv』(https://app-liv.jp/)に立ち上げから携わり、オペレーション構築やウェブ解析、SEO、広告運用などのデジタルマーケティングに本格的に取り組む。現在は、メディア責任者として数十名のメンバーをまとめると同時に、個人でも中小企業を中心にウェブサイトのマーケティングをまるっとサポートする活動もしている。

**Tiger（松本 大河）**（まつもと たいが）　【Chapter 5-1〜4、6-1〜2担当】
株式会社パイプライン代表取締役。1974年東京生まれ。デジタルハリウッド大学院デジタルコンテンツマネジメント修士。DTP黎明期に、雑誌編集にてエディトリアル・デザイン＆コンテンツ・プロデュースに目覚め、ウェブのフィールドに進出。地域活性から、有名媒体のコマーシャル制作、上場企業の商品ブランディングまで幅広くプロデュース。Web制作＆集客マーケティング事業と並行し、東京都職業訓練校でウェブマーケティング講座で教鞭を執るなど、人材育成も手掛けている。著書として『Web集客が驚くほど加速するベネフィットマーケティング「ベネマ集客術」』『ベネマ集客術式　毎日1分Web集客のツボ』がある。

### 監修者プロフィール

**小川 卓**（おがわ たく）
ウェブアナリストとしてリクルート、サイバーエージェント、アマゾンジャパンなどに勤務後、独立。複数社の社外取締役、大学院の客員教授などを通じてウェブ解析の啓蒙・浸透に従事。株式会社HAPPY ANALYTICS代表取締役。主な著書に『ウェブ分析論』『ウェブ分析レポーティング講座』『マンガでわかるウェブ分析』『Webサイト分析・改善の教科書』『あなたのアクセスはいつも誰かに見られている』『「やりたいこと」からパッと引ける Google アナリティクス 分析・改善のすべてがわかる本』などがある。

**江尻 俊章**（えじり としあき）
福島県いわき市生れ。2000年株式会社環を創業。日本でもっとも早くからウェブ解析コンサルティングを行い、産学共同研究をもとにウェブ解析ツール「アクセス刑事」や「シビラ」を開発。ウェブサイトに留まらないビジネスに踏み込む解析を得意とし、業績急拡大の事例を豊富に持つ。2012年、一般社団法人ウェブ解析士協会（WACA）代表理事就任。2013年株式会社環がソフトバンク・テクノロジー株式会社と業務資本提携。現在は、ウェブ解析士協会代表理事と情報価値研究所株式会社の代表取締役。著書として『繁盛するWebの秘訣「ウェブ解析入門」〜Web担当者が知っておくべきKPIの活用と実践』（2011年・技術評論社刊）などがある。

**STAFF**
制作：株式会社アクティブ
ブックデザイン：三宮 暁子（Highcolor）
編集部担当：西田 雅典

# Google オプティマイズによる
# ウェブテストの教科書

2018年12月1日　初版第1刷発行

| | |
|---|---|
| 著　者 | 井水 大輔、大柄 優太、工藤 麻里、瀧 里絵、針替 健太、Tiger（松本 大河） |
| 監修者 | 小川 卓、江尻 俊章 |
| 発行者 | 滝口 直樹 |
| 発行所 | 株式会社マイナビ出版 |
| | 〒101-0003　東京都千代田区一ツ橋2-6-3 一橋ビル 2F |
| | TEL：0480-38-6872（注文専用ダイヤル） |
| | TEL：03-3556-2731（販売） |
| | TEL：03-3556-2736（編集） |
| | E-Mail：pc-books@mynavi.jp |
| | URL：https://book.mynavi.jp |
| 印刷・製本 | 株式会社ルナテック |

©2018 IMIZU Daisuke, OHGARA Yuta, KUDO Mari, TAKI Rie, HARIGAE Kenta, Tiger(MATSUMOTO Taiga) Printed in Japan
ISBN978-4-8399-6656-0

- 定価はカバーに記載してあります。
- 乱丁・落丁についてのお問い合わせは、TEL：0480-38-6872（注文専用ダイヤル）、電子メール：sas@mynavi.jpまでお願いいたします。
- 本書は著作権法上の保護を受けています。本書の一部あるいは全部について、著者、発行者の許諾を得ずに、無断で複写、複製することは禁じられています。